工业和信息化高职高专
"十二五"规划教材立项项目

高等职业院校
机电类"十二五"规划教材

传感器与检测技术

（第2版）

The Sensor and
Detection Technology (2nd Edition)

◎ 宋雪臣 单振清 主编

◎ 王金花 副主编

人民邮电出版社

北 京

精品系列

图书在版编目（CIP）数据

传感器与检测技术 / 宋雪臣，单振清主编. -- 2版
. -- 北京：人民邮电出版社，2012.4（2022.5重印）
高等职业院校机电类"十二五"规划教材
ISBN 978-7-115-27493-9

Ⅰ. ①传… Ⅱ. ①宋… ②单… Ⅲ. ①传感器－检测
－高等职业教育－教材 Ⅳ. ①TP212

中国版本图书馆CIP数据核字(2012)第028580号

内 容 提 要

　　本书主要内容包括检测技术的基础知识，电阻式、电容式、电感式、热电式、光电式、压电式、数字式等多种常用传感器的工作原理、基本结构和转换电路，并给出了典型的应用实例。后面三章还介绍了传感器的选用与标定、抗干扰技术及微机接口技术应用以及智能化传感器。

　　本书可作为高等职业教育机电一体化、电子信息等专业的教材，也可作为成人教育、职业培训的教材，还可作为生产管理人员及其他工程技术人员的参考用书。

工业和信息化普通高等教育"十二五"规划教材立项项目
高等职业院校机电类"十二五"规划教材

传感器与检测技术（第 2 版）

- ◆ 主　　编　宋雪臣　单振清
　　副 主 编　王金花
　　责任编辑　潘新文

- ◆ 人民邮电出版社出版发行　　北京市丰台区成寿寺路 11 号
　　邮编　100164　　电子邮件　315@ptpress.com.cn
　　网址　http://www.ptpress.com.cn
　　三河市兴达印务有限公司印刷

- ◆ 开本：787×1092　1/16
　　印张：14.25　　　　　　　　　　2012 年 4 月第 2 版
　　字数：355 千字　　　　　　　　2022 年 5 月河北第 27 次印刷

ISBN 978-7-115-27493-9

定价：29.80 元
读者服务热线：**(010)81055256**　印装质量热线：**(010)81055316**
反盗版热线：**(010)81055315**

前　言

为不断适应老师和同学们对教材的需求，并广泛听取了多位专家的建议，我们在第 1 版的基础上修订完成了本书。

本书是根据各个高职高专院校机电类专业教学改革的需要编写的，着重体现"淡化理论，够用为度，培养技能，重在运用"的指导思想，以培养具有"创造性、实用性"的适应社会需求的应用型人才。针对高职高专学生的理论基础相对薄弱，在校理论学习时间相对较少的特点，本教材压缩了大量的理论推导方面的知识点，将重点放在实用技术的掌握和运用上。在编写过程中，作者结合多年的教学经验，并参阅了大量有关文献资料，精选内容，突出技术的实用性，加强了实训及应用案例的介绍。

全书共分 13 章。第 1 章详细介绍了检测技术的基本知识，第 2～10 章按工作原理分类介绍了各种类型传感器的结构、工作原理、转换电路及其典型应用，第 11 章介绍了传感器的选用与标定，第 12 章介绍了抗干扰技术及微机接口技术应用，第 13 章介绍了 Smart 传感器。另外还选编了 9 个基本实训项目，以提高学生的实践动手能力。每一章的后面都有本章小结，并附有一定数量的思考与练习题，以供学生复习、巩固所学内容。

在内容编写方面，我们注意难点分散、循序渐进；在文字叙述方面，我们注意言简意赅、重点突出；在实例选取方面，我们注意选用最新传感器及检测系统，实用性及针对性强。

本教材总学时数为 68 学时左右（包括实训项目），各章的参考学时参见下面的学时分配表。

章　号	课 程 内 容	学 时 数		
		合　计	讲　授	实　践
1	检测技术基本知识	4	4	—
2	电阻式传感器及应用	8	6	2
3	电容式传感器及应用	6	4	2
4	电感式传感器及应用	10	6	4
5	热电偶传感器及应用	6	4	2
6	光电式传感器及应用	8	6	2
7	霍尔传感器及应用	6	4	2
8	压电式传感器及应用	6	4	2
9	超声波传感器及应用	2	2	—
10	数字式传感器及应用	4	4	—
11	传感器的选用与标定	2	2	—

续表

章　号	课程内容	学　时　数		
		合　计	讲　授	实　践
12	抗干扰技术及微机接口技术应用	4	4	—
13	Smart 传感器	2	2	—
	总计	68	52	16

　　本书由山东水利职业学院宋雪臣、单振清任主编，王金花任副主编。山东大学杜晓通教授主审了全书，并提出了很多宝贵的修改意见，在此一并表示诚挚的谢意。

　　由于时间仓促，编写水平有限，书中难免存在错误和不妥之处，敬请广大读者批评指正。

编　者
2011 年 12 月

目　录

第1章
检测技术基本知识

1.1 测量与测量误差

测量是人们借助专门的技术和设备，通过实验的方法，把被测量与作为单位的标准量进行比较，以确定出被测量是标准量的多少倍数的过程，所得倍数就是测量值。测量结果可用一定的数值表示，也可以用一条曲线或某种图形表示。但无论其表现形式如何，测量结果应包括两部分：比值和测量单位。确切地讲，测量结果还应包括误差部分。

1.1.1 测量方法

实现被测量与标准量比较得出比值的方法，称为测量方法。针对不同测量任务进行具体分析以找出切实可行的测量方法，对测量工作是十分重要的。

对于测量方法，从不同角度有不同的分类方法。下面介绍几种常用的分类方法。

1. 按测量手续分类

按测量手续不同可分为直接测量、间接测量和联立测量。

（1）直接测量

直接测量就是用预先标定好的测量仪表直接读取被测量的测量结果。例如，用万用表测量电压、电流、电阻等。这种测量方法的优点是简单而迅速，缺点是精度不高。这种测量方法在工程上被广泛采用。

（2）间接测量

间接测量就是利用被测量与某中间量的函数关系，先测出中间量，然后通过相应的函数关系计算出被测量的数值。例如，导线电阻率的测量就是间接测量，由于 $\rho = R\pi d^2/(4l)$，其中 R、l、d 分别表示导线的电阻值、长度和直径。这时，只有先经过直接测量，得到导线的 R、l、d 以后，再代入 ρ 的表达式，经计算得到最后所需要的结果 ρ 值。在这种测量过程中，手续较多，花费时间较长，有时可以得到精度较高的测量值。间接测量多用于科学实验中的实验室测量。

（3）联立测量

联立测量又叫组合测量。如果被测量有多个，而且被测量又与某些可以通过直接或间接测量得到结果的其他量存在一定的函数关系，则可先测量这几个量，再求解函数关系组成联立方程组，从而得到多个被测量的数值。显然，它是一种兼用直接测量和间接测量的方式。例如，在研究热电阻 R_t 随温度 t 变化的规律时，在一定的温度范围内有下列关系式：

$$R_t = R_{20} + \alpha(t - 20) + \beta(t - 20)^2$$

式中　R_{20}、α、β 是 3 个待测量，R_{20} 是电阻在 20℃时的数值，α、β 是电阻的温度系数。依据此关系式，测出在 t_1、t_2、t_3 3 个不同测试温度时导体的电阻 R_{t1}、R_{t2}、R_{t3}，得到联立方程组。求解方程组可得到 R_{20}、α、β。

2. 按测量时是否与被测对象接触分类

根据测量时是否与被测对象相互接触可分为接触式测量和非接触式测量。

（1）接触式测量

传感器直接与被测对象接触，承受被测参数的作用，感受其变化，从而获得信号，并测量其信号大小的方法，称为接触测量法。例如，用体温计测体温等。

（2）非接触式测量

传感器不与被测对象直接接触，而是间接承受被测参数的作用，感受其变化，从而获得信号，并测量其信号大小的方法，称为非接触测量法。例如，用辐射式温度计测量温度，用光电转速表测量转速等。非接触测量法不干扰被测对象，既可对局部点检测，又可对整体扫描。特别是对于运动对象、腐蚀性介质及危险场合的参数检测，它更方便、安全和准确。

3. 按被测信号的变化情况分类

根据被测信号的变化情况不同分为静态测量和动态测量。

（1）静态测量

静态测量是测量那些不随时间变化或变化很缓慢的物理量。如超市中物品的称重属于静态测量，温度计测气温也属于静态测量。

（2）动态测量

动态测量是测量那些随时间而变化的物理量。如地震仪测量振动波形则属于动态测量。

4. 按输出信号的性质分类

根据输出信号的性质不同分为模拟式测量和数字式测量。

（1）模拟式测量

模拟式测量是指测量结果可根据仪表指针在标尺上的定位进行连续读取的方法，如模拟式电压表测电压。

（2）数字式测量

数字式测量是指以数字的形式直接给出测量结果的方法，如光电脉冲编码器的测量。

5. 按测量方式分类

按测量方式不同可分为偏差式测量、零位式测量和微差式测量。

（1）偏差式测量

用仪表指针的位移（即偏差）决定被测量的量值，这种测量方法称为偏差式测量。应用这种方法测量时，仪表刻度应事先用标准器具标定。在测量时，输入被测量，按照仪表指针在标尺上的示值决定被测量的数值。如指针式电压表测电压，指针式电流表测电流。这种方法测量过程比较简单、迅速，但测量结果精度较低。

（2）零位式测量

用指零仪表的零位指示检测测量系统的平衡状态，在测量系统平衡时，用已知的标准量决定被测量的量值，这种测量方法称为零位式测量。在测量时，已知标准量直接与被测量相比较，已知量应连续可调，指零仪表指零时，被测量与已知标准量相等。例如天平、电位差计等。零位式测量的优点是可以获得比较高的测量精度，但测量过程比较复杂，费时较长，不适用于测量迅速变化的信号。

（3）微差式测量

微差式测量是综合了偏差式测量与零位式测量的优点而提出的一种测量方法。它将被测量与已知的标准量相比较，取得差值后，再用偏差法测得此差值。应用这种方法测量时，不需要调整标准量，而只需测量两者的差值。例如，设 N 为标准量，x 为被测量，Δ 为二者之差，则 $x = N + \Delta$。由于 N 是标准量，其误差很小，因此可选用高灵敏度的偏差式仪表测量 Δ，即使测量 Δ 的精度较低，但因 Δx 值较小，它对总测量值的影响较小，故总的测量精度仍很高。微差式测量的优点是反应快，而且测量精度高，特别适用于在线控制参数的测量。

1.1.2　测量误差及表达方式

在一定条件下，被测物理量客观存在的实际值称为真值。真值是一个理想的概念。在实际测量时，由于实验方法和实验设备的不完善、周围环境的影响以及人们认识能力所限等因素，使得测量值与真值之间不可避免地存在着差异。测量值与真值之间的差值称为测量误差。

测量误差可用绝对误差表示，也可用相对误差表示。

1. 绝对误差

绝对误差是指测量值与真值之间的差值，它反映了测量值偏离真值的多少，即

$$\Delta x = x - L_0 \tag{1-1}$$

式（1-1）中 L_0 为被测量真值，x 为被测量实际值。由于真值的不可知性，在实际应用时，常用实际真值 L 代替，即用被测量多次测量的平均值或上一级标准仪器测得的示值作为实际真值，故有

$$\Delta x = x - L \tag{1-2}$$

2. 相对误差

相对误差反映了测量值偏离真值的程度。

（1）实际相对误差

实际相对误差是指绝对误差 Δx 与被测真值 L_0 的百分比，用 γ_L 表示，即

$$\gamma_{\text{L}} = \frac{\Delta x}{L_0} \times 100\% \qquad (1\text{-}3)$$

（2）示值（标称）相对误差

示值相对误差是指绝对误差 Δx 与被测量值 L_x 的百分比，用 γ_x 表示，即

$$\gamma_x = \frac{\Delta x}{L_x} \times 100\% \qquad (1\text{-}4)$$

（3）引用（满度）相对误差

引用相对误差是指绝对误差 Δx 与仪表满度值 L_{m} 的百分比，用 γ_{m} 表示，即

$$\gamma_{\text{m}} = \frac{\Delta x}{L_{\text{m}}} \times 100\% \qquad (1\text{-}5)$$

由于 γ_{m} 是用绝对误差 Δx 与一个常量 L_{m}（量程上限）的比值所表示，所以实际上给出的是绝对误差，这也是应用最多的表示方法。当 Δx 取绝对值最大值（$|\Delta x|_{\text{m}}$）时，其满度相对误差常用来确定仪表的精度等级 S。目前我国电工仪表精度按此方法划分为 7 级：0.1、0.2、0.5、1.0、1.5、2.5、5.0 级。例如 5.0 级的仪表，表示其满度相对误差不会超出量程±5%的范围。满度相对误差中的分子、分母均由仪表本身性能所决定，所以它是衡量仪表性能优劣的一种简便实用的方法。

【实例 1.1】 某温度计的量程范围为 0～500℃，校验时该表的最大绝对误差为 6℃，试确定该仪表的精度等级。

解：根据题意知 $|\Delta x|_{\text{m}} = 6℃$，$L_{\text{m}} = 500℃$，代入式（1-5）中，得

$$\gamma_{\text{m}} = \frac{|\Delta x|_{\text{m}}}{L_{\text{m}}} \times 100\% = \frac{6}{500} \times 100\% = 1.2\%$$

该温度计的基本误差介于 1.0%与 1.5%之间，因此该仪表的精度等级应定为 1.5 级。

【实例 1.2】 现有 0.5 级的 0～300℃和 1.0 级的 0～100℃两个温度计，欲测量 80℃的温度，试问选用哪一个温度计好？为什么？

解：0.5 级温度计测量时可能出现的最大绝对误差为

$$|\Delta x|_{\text{m1}} = \gamma_{\text{m1}} \cdot L_{\text{m1}} = 0.5\% \times (300 - 0) = 1.5℃$$

0.5 级温度计测量 80℃可能出现的最大示值相对误差为

$$\gamma_{x1} = \frac{|\Delta x|_{\text{m1}}}{L_x} \times 100\% = \frac{1.5}{80} \times 100\% = 1.875\%$$

1.0 级温度计测量时可能出现的最大绝对误差为

$$|\Delta x|_{\text{m2}} = \gamma_{\text{m2}} \cdot L_{\text{m2}} = 1.0\% \times (100 - 0) = 1℃$$

1.0 级温度计测量 80℃时可能出现的最大示值相对误差为

$$\gamma_{x2} = \frac{|\Delta x|_{\text{m2}}}{L_x} \times 100\% = \frac{1}{80} \times 100\% = 1.25\%$$

计算结果表明，用 1.0 级温度计比 0.5 级温度计测量时，示值相对误差反而小。因此在选用仪表时，不能单纯追求高精度，而是应兼顾精度等级和量程。

对于同一仪表，所选量程不同，可能产生的最大绝对误差也不同。当仪表准确度等级选定后，测量值越接近满度值时，测量相对误差越小，测量越准确。因此，一般情况下应

尽量使指针处在仪表满度值的 2/3 以上区域。但该结论只适用于正向线性刻度的一般电工仪表。对于万用表电阻挡等这样的非线性刻度电工仪表，应尽量使指针处于满度值 1/2 左右的区域。

1.1.3　测量误差的分类

1.　按误差表现的规律划分

根据测量数据中的误差所呈现的规律，将误差分为 3 种，即系统误差、随机误差和粗大误差。这种分类方法便于测量数据处理。

（1）系统误差

对同一被测量进行多次重复测量时，若误差固定不变或者按照一定规律变化，这种误差称为系统误差。

系统误差是有规律性的。按其表现的特点可分为固定不变的恒值系统误差和遵循一定规律变化的变值系统误差。系统误差一般可通过实验或分析的方法，查明其变化规律及产生的原因，因此它是可以预测的，也是可以消除的。例如，标准量值的不准确及仪表刻度的不准确而引起的误差。

（2）随机误差

对同一被测量进行多次重复测量时，若误差的大小随机变化，不可预知，这种误差称为随机误差。

对随机误差的某个单值来说，是没有规律，不可预料的，但从多次测量总体上看，随机误差又服从一定的统计规律，大多数服从正态分布规律。因此可以用概率论和数理统计的方法，从理论上估计其对测量结果的影响。

（3）粗大误差

测量结果明显地偏离其实际值所对应的误差，称为粗大误差或疏忽误差，又叫过失误差。这类误差是由于测量者疏忽大意或环境条件的突然变化而引起的。含有粗大误差的测量值称为坏值。

2.　按被测量与时间关系划分

（1）静态误差

被测量稳定不变时测量所产生的误差称为静态误差。

（2）动态误差

被测量随时间迅速变化时，测量系统的输出量在时间上却跟不上输入的变化，这时所产生的误差称为动态误差。

此外，按测量仪表的使用条件分类，可将误差分为基本误差和附加误差；按测量技能和手段分类，误差又可分为工具误差和方法误差等。

1.1.4　测量误差的分析与处理

从工程测量实践可知，测量数据中含有系统误差和随机误差，有时还会含有粗大误差。它们的性质不同，对测量结果的影响及处理方法也不同。在测量中，对测量数据进行处理时，首先判断测量数据中是否含有粗大误差，如有，则必须加以剔除。再看数据中是否存在系统误差，对系统误差可设法消除或加以修正。对排除了系统误差和粗大误差的测量数据，则利用随机误差性质进行处理。总之，对于不同情况的测量数据，首先要加以分析研究，判断情况，分别处理，再综合整理以得出合乎科学性的结果。

1. 随机误差的分析与处理

在测量中，当系统误差已设法消除或减小到可以忽略的程度时，如果测量数据仍有不稳定的现象，说明存在随机误差。在等精度测量情况下，得 n 个测量值 x_1, x_2, $\cdots$, x_n，设只含有随机误差 δ_1, δ_2, $\cdots$, δ_n。这组测量值或随机误差都是随机事件，可以用概率数理统计的方法来研究。随机误差的处理任务是从随机数据中求出最接近真值的值（或称真值的最佳估计值），对数据精密度的高低（或称可信赖的程度）进行评定并给出测量结果。

具有正态分布的随机误差如图 1-1 所示，它具有以下 4 个特征。

（1）对称性

绝对值相等的正、负误差出现的机会大致相等。

（2）单峰性

绝对值越小的误差在测量中出现的概率越大。

（3）有界性

在一定的测量条件下，随机误差的绝对值不会超过一定的界限。

（4）抵偿性

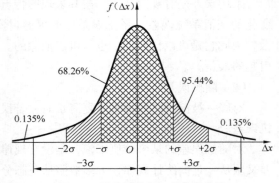

图 1-1　随机误差的正态分布曲线

在相同的测量条件下，当测量次数增加时，随机误差的算术平均值趋向于零。

在实际测量时，真值 L 不可能得到。但如果随机误差服从正态分布，则算术平均值处随机误差的概率密度最大。对被测量进行等精度的 n 次测量，得 n 个测量值 x_1, x_2, $\cdots$, x_n，它们的算术平均值为

$$\bar{x} = \frac{1}{n}(x_1 + x_2 + \cdots + x_n) = \frac{1}{n}\sum_{i=1}^{n} x_i \tag{1-6}$$

算术平均值是诸多测量值中最可信赖的，它可以作为等精度多次测量的结果。

上述的算术平均值是反映随机误差的分布中心，而方均根偏差 σ 则反映随机误差的分布范围。方均根偏差越大，测量数据的分散范围也越大，所以方均根偏差 σ 可以描述测量数据和测量结果的精度。

方均根误差 σ 可由下式求取

$$\sigma = \sqrt{\frac{\sum_{i=1}^{n}(x_i - L_0)^2}{n}} = \sqrt{\frac{\sum_{i=1}^{n}\delta_i^2}{n}} \tag{1-7}$$

由于得不到真值 L_0，可用 n 次测量值的算术平均值 $\bar{x}$ 代替，则方均根误差为

$$\sigma_s = \sqrt{\frac{\sum\limits_{i=1}^{n}(x_i - \bar{x})^2}{n-1}} \tag{1-8}$$

算术平均值的方均根误差（标准误差）$\bar{\sigma}$ 为

$$\bar{\sigma} = \frac{\sigma}{\sqrt{n}} \tag{1-9}$$

测量结果通常表示为

$$x = \bar{x} \pm 3\bar{\sigma}(P = 99.73\%) \tag{1-10}$$

式（1-10）中 3 为置信系数，P 为置信概率（或置信度）。测量结果的置信区间（或置信限）一般表示为 $[-k\sigma, k\sigma]$。其中 k 为置信系数。根据正态分布的概率积分可知，对于不同的 k 值，对应不同的置信概率，如表 1-1 所示。由表 1-1 可以看出，对一组既无系统误差又无粗大误差的等精度测量，当置信区间取 $\pm 2\sigma$ 或 $\pm 3\sigma$ 时，误差值落在该区间外的可能性仅有 5% 或 0.3%。因此，人们常把 $\pm 2\sigma$ 或 $\pm 3\sigma$ 值称为极限误差，又称随机不确定度。记为 $\varDelta = 2\sigma$ 或 3σ，它随置信概率取值不同而不同。

表 1-1 置信系数与置信度的关系

k	1	1.96	2	2.58	3
P	0.682 6(68.26%)	0.95(95%)	0.954 4(95%)	0.99(99%)	0.997 3(99.73%)

2. 系统误差的分析与处理

系统误差由于其特殊性，在处理方法上与随机误差完全不同。

（1）系统误差的分析

减小或消除系统误差的关键是如何查找误差根源，这就需要对测量设备、测量对象和测量系统作全面分析，明确其中有无产生明显系统误差的因素，并采取相应措施予以修正或消除。由于具体条件不同，在分析查找误差根源时并无一成不变的方法，这与测量者的经验、水平以及测量技术的发展密切相关。但我们可以从以下几个方面进行分析考虑。

① 所用传感器、测量仪表或组成元件是否准确可靠。比如传感器或仪表灵敏度不足，仪表刻度不准确，变换器、放大器等性能不太优良，由这些引起的误差是常见的系统误差。

② 测量方法是否完善。如用电压表测量电压，电压表的内阻对测量结果有影响。

③ 传感器或仪表安装、调整或放置是否正确合理。例如，没有调好仪表水平位置，安装时仪表指针偏心等都会引起系统误差。

④ 传感器或仪表工作场所的环境条件是否符合规定条件。例如，环境温度、湿度、气压等的变化也会引起系统误差。

⑤ 测量者的操作是否正确。例如，读数时的视差、视力疲劳等都会引起系统误差。

（2）系统误差的查找

系统误差的查找比较困难，下面只介绍几种发现系统误差的一般方法。

① 实验对比法。这种方法是通过改变产生系统误差的条件，从而进行不同条件的测量，以发现系统误差。该方法适用于发现固定的系统误差。例如，一台测量仪表本身存在固定的系统误差，即使进行多次测量也不能发现，只有用精度更高一级的测量仪表测量，才能发现这台测

量仪表的系统误差。

② 残余误差观察法。这种方法是根据测量值残余误差的大小和符号的变化规律，直接由误差数据或误差曲线图形判断有无变化的系统误差。图 1-2 为把残余误差按测量值先后顺序排列起来的曲线图，图（a）中的残余误差排列后有递减的变值系统误差；图（b）中则可能有周期性系统误差。

（a）递减的变值系统误差　　　（b）周期性系统误差

图 1-2　残余误差变化规律

③ 准则检查法。有多种准则供人们检验测量数据中是否含有系统误差。不过这些准则都有一定的适用范围。如马利科夫判据是将残余误差前后各半分两组，若"$\sum v_{i前}$"与"$\sum v_{i后}$"之差明显不为零，则可能含有线性系统误差。

（3）系统误差的消除方法

① 在测量结果中进行修正。对于已知的系统误差，可以用修正值对测量结果进行修正；对于变值系统误差，设法找出误差的变化规律，用修正公式或修正曲线对测量结果进行修正；对未知系统误差，则按随机误差进行处理。

② 在测量之前消除系统误差产生的根源。应仔细检查仪表，正确调整和安装；防止外界干扰影响；选好观测位置，消除视差；选择环境条件比较稳定时进行读数等。

③ 在测量系统中找出系统误差的规律，采用补偿措施自动消除系统误差。如用热电偶测量温度时，热电偶参考端温度变化会引起系统误差，消除此误差的方法之一是在热电偶回路中加一个冷端补偿器，从而进行自动补偿。

④ 由于自动化测量技术及微机的应用，可用实时反馈修正的方法来消除复杂变化的系统误差。当查明某种误差因素变化对测量结果有明显的复杂影响时，应尽可能找出其影响测量结果的函数关系或近似的函数关系。在测量过程中，用传感器将这些误差因素变化转换成某种物理量形式（一般为电量），及时按照其函数关系，通过计算机算出影响测量结果的误差值，对测量结果作实时的自动修正。

3. 粗大误差的分析与处理

如前所述，在对重复测量所得一组量值进行数据处理之前，首先应将具有粗大误差的可疑数据找出来加以剔除。绝对不能凭主观意愿对数据进行任意取舍，而是要有一定的根据。原则是要看这个可疑值误差是否仍处于随机误差的范围之内，是则留，不是则弃。因此要对测量数据进行必要的检验。

为了获得比较准确的测量结果，通常要对一个量的多次测量数据进行分析处理，其处理步骤如下。

① 列出测量数据 x_1，x_2，x_3，$\cdots$，x_n。

② 求算术平均值（测量值）$\bar{x}$。

③ 求剩余误差（残差）$p_i=x_i-\bar{x}$。

④ 用贝塞尔公式计算标准偏差估计值 σ。

⑤ 利用莱特准则（3σ 准则）判别是否存在粗大误差。若 $|p_i|>3\sigma$，则该次测量值 x_i 为坏值，剔除 x_i 后再按上述步骤重新计算，直到不存在坏值并且剔除坏值后的测量次数不少于 10 次为止，如果不满 10 次应重新测量。

【实例 1.3】 用温度传感器对某温度进行 12 次等精度测量，测量数据（℃）如下：

20.46， 20.52， 20.50， 20.52， 20.48， 20.47，

20.50， 20.49， 20.47， 20.49， 20.51， 20.51

要求对该组数据进行分析整理，并写出最后结果。

解： 数据处理步骤如下。

（1）记录填表

将测量数据 x_i（$i=1$，2，3，…，12）按测量序号依次列在表 1-2 中。

表 1-2 　　　　　　　　　　　　数据处理记录表

序 　号	x_i	p_i	p_i^2
1	20.46	−0.03	0.0009
2	20.52	0.03	0.0009
3	20.50	0.01	0.0001
4	20.52	0.03	0.0009
5	20.48	−0.01	0.0001
6	20.47	−0.02	0.0004
7	20.50	0.01	0.0001
8	20.49	0	0
9	20.47	−0.02	0.0004
10	20.49	0	0
11	20.51	0.02	0.0004
12	20.51	0.02	0.0004
	$\bar{x}=20.49$	$\sum_{i=1}^{12}p_i=0.04$	$\sum_{i=1}^{12}p_i^2=46\times10^{-4}$

（2）计算

① 求出测量数据列的算术平均值。

$$\bar{x}=\frac{1}{n}\sum_{i=1}^{n}x_i=\frac{1}{12}\sum_{i=1}^{12}x_i=\frac{1}{12}\times245.92\approx20.49$$

② 计算各测量值的残余误差 $p_i=x_i-\bar{x}$。

当计算无误时，理论上有 $\sum_{i=1}^{n}p_i=0$，但实际上，由于计算过程中四舍五入所引入的误差，此关系式往往不能满足。本例中 $\sum_{i=1}^{12}p_i=0.04\approx0$。

③ 计算标准误差。

由于 $\sum p_i^2=46\times10^{-4}$，于是

$$\sigma = \sqrt{\frac{\sum\limits_{i=1}^{12} p_i^2}{n-1}} = \sqrt{\frac{46 \times 10^{-4}}{11}} \approx 0.02$$

（3）判别坏值

本例采用拉依达准则检查坏值，因为 $3\sigma = 0.06$，而所有测量值的剩余误差均满足 $|p_i| < 3\sigma$，显然数据中无坏值。

（4）写出测量结果

$$\overline{\sigma} = \frac{\sigma}{\sqrt{n}} = \frac{0.02}{\sqrt{12}} = 0.006$$

所以，测量结果可表示为

$$x = \overline{x} \pm 3\overline{\sigma} = (20.49 \pm 0.018)℃$$

1.2 传感器的组成和特性

1.2.1 传感器的定义、组成和分类

1. 传感器的定义

传感器是能感受规定的被测量并按照一定规律将其转换成可用输出信号的器件或装置。在有些学科领域，传感器又称为敏感元件、检测器、转换器等。这些不同提法，反映了在不同技术领域中，只是根据器件用途对同一类型器件使用不同的技术术语而已。如在电子技术领域，常把能感受信号的电子元件称为敏感元件，如热敏元件、磁敏元件、光敏元件及气敏元件等，在超声波技术中则强调的是能量转换，如压电式换能器。这些提法在含义上有些狭窄，而传感器一词是使用最为广泛而具有概括性的用语。

2. 传感器的组成

传感器通常由直接响应于被测量的敏感元件和产生可用信号输出的转换元件以及相应的转换电路组成，如图 1-3 所示。

图 1-3　传感器组成框图

敏感元件在传感器中直接感受被测量，并转换成与被测量有确定关系，更易于转换的非电量。如图 1-4 所示的弹簧管就属于敏感元件。当被测压力 p 增大时，弹簧管撑直，通过齿条带动齿轮转动，从而带动电位器的电刷产生角位移。

图 1-4　测量压力的电阻式压力传感器
1—弹簧管　2—电位器　3—指针　4—齿轮

被测量通过敏感元件转换后，再经转换元件转换成电参量，如图 1-4 所示的电位器，通过机械传动结构将角位移转化成电阻的变化。

测量转换电路的作用是将转换元件输出的电参量转换成易于处理的电压、电流或频率量。在图 1-4 中，当电位器的两端加上电源后，电位器就组成分压比电路，它的输出量是与压力成一定关系的电压 U_o。

3. 传感器的分类

传感器的种类名目繁多，分类不尽相同。常用的分类方法如下。

（1）按被测量分类

根据被测量的不同，可分为位移、力、力矩、转速、震动、加速度、温度、压力、流量、流速等传感器。这种方法明确表明了传感器的用途，便于使用者选用。图 1-4 为压力传感器，用于测量压力信号。

（2）按测量原理分类

根据测量原理的不同，可分为电阻、电容、电感、光栅、热电偶、超声波、激光、红外、光导纤维等传感器。这种方法表明了传感器的工作原理，有利于传感器的设计和应用。图 1-4 也称为电阻式压力传感器。

（3）按传感器转换能量供给形式分类

根据转换能量供给形式的不同，传感器可分为能量变换型（发电型）和能量控制型（参量型）两种。

能量变换型传感器在进行信号转换时不需另外提供能量，就可将输入信号能量变换为另一种形式能量输出，例如热电偶传感器、压电式传感器等，如图 1-5 所示。能量控制型传感器工作时必须有外加电源，例如电阻、电感、电容、霍尔式传感器等，如图 1-6 所示。

图 1-5　能量变换型热电偶传感器

图 1-6　霍尔式接近开关

（4）按传感器工作机理分类

根据工作机理不同，可分为结构型传感器和物性型传感器。

结构型传感器是指被测量变化时引起传感器结构发生改变，从而引起输出电量变化。例如，图 1-7 所示的电容式差压变送器就属于这种传感器。当外加压力变化时，电容极板发生位移，结构改变引起电容值变化，输出电压也发生变化。物性型传感器是利用物质的物理或化学特性随被测参数变化原理而构成，一般没有可动结构部分，易小型化，例如各种半导体传感器，图 1-8 为物性型光电管。

图 1-7　结构型电容式差压变送器　　　　图 1-8　物性型光电管

习惯上常把工作原理和用途结合起来命名传感器，如电容式压力传感器、电感式位移传感器等。

本教材采用第 2 种分类法。

4．传感器代号

传感器代号一般分为 4 大部分：主称—被测量—转换原理—序号。

① 主称——传感器代号 C。

② 被测量——用一个或两个汉语拼音的第一个大写字母标记。

③ 转换原理——用一个或两个汉语拼音的第一个大写字母标记。

④ 序号——用一个阿拉伯数字标记，厂家自定，用来表征产品设计特性、性能参数、产品系列等。

例：CWY-YB-20 传感器

C：传感器主称，WY：被测量是位移，YB：转换原理是应变式，20：传感器序号。

1.2.2　传感器的基本特性

传感器的特性主要是指输出与输入之间的关系，它有静态、动态之分。静特性是指当输入量为常量或变化极慢时，即被测量各个值处于稳定状态时的输入-输出关系。动特性是指输入量随时间变化的响应特性。由于动特性的研究方法与控制理论中介绍的研究方法相似，故在本教材中不再重复，这里仅介绍传感器静特性的一些指标。

研究传感器总希望输出与输入成线性关系，但由于存在着误差因素、外界影响等，输入-输出不会完全符合所要求的线性关系。传感器输入-输出作用如图 1-9 所示。图中的误差因素就是衡量传感器静态特性的主要技术指标。

1. 线性度

传感器的线性度是指传感器的输出与输入之间关系的线性程度。输出与输入关系可分为线性特性和非线性特性。从传感器的性能看，希望具有线性关系，即具有理想的输入-输出关系。但实际遇到的传感器大多为非线性，如果不考虑迟滞和蠕变等因素，传感器的输入-输出关系可用一个多项式表示：

$$y = a_0 + a_1 x + a_2 x^2 + \cdots + a_n x^n \qquad (1-11)$$

式中，a_0——输入量 x 为零时的输出量；

a_1, a_2, $\cdots$, a_n——非线性项系数。

图 1-9　传感器的输入-输出作用图

各项系数不同，决定了特性曲线的具体形式各不相同。

静特性曲线可通过实际测试获得。在实际使用中，为了标定和数据处理的方便，希望得到线性关系，因此引入各种非线性补偿环节。如采用非线性补偿电路或计算机软件进行线性化处理，从而使传感器的输入-输出关系为线性或接近线性。但如果传感器非线性的方次不高，输入量变化范围较小时，可用一条直线（切线或割线）近似地代表实际曲线的一段，使传感器输入-输出特性线性化。这样的直线称为拟合直线。实际特性曲线与拟合直线之间的偏差称为传感器非线性误差（或线性度），通常用相对误差 r_L 表示，即

$$r_L = \pm \frac{\Delta L_{\max}}{Y_{FS}} \times 100\% \qquad (1-12)$$

式中，$\Delta L_{\max}$——最大非线性绝对误差；

Y_{FS}——满量程输出。

图 1-10 为常用的几种直线拟合方法。从图中可以看出，即使是同类传感器，拟合直线不同，其线性度也不同。选取拟合直线的方法很多，用最小二乘法求取的拟合直线拟合精度最高。

2. 灵敏度

灵敏度 S 是指传感器的输出量增量 Δy 与引起输出量增量的输入量增量 Δx 的比值，即

$$S = \Delta y / \Delta x \qquad (1-13)$$

对于线性传感器，它的灵敏度就是它的静态特性斜率，即 $S = \Delta y / \Delta x$ 为常数，而非线性传感器的灵敏度为一变量，用 $S = dy/dx$ 表示。传感器的灵敏度如图 1-11 所示。

（a）理论拟合　　（b）过零旋转拟合

（c）端点连线拟合　　（d）端点平移拟合

图 1-10　几种直线拟合方法

3. 迟滞

传感器在正（输入量增大）反（输入量减小）行程期间其输入-输出特性曲线不重合的现象

称为迟滞，如图 1-12 所示。也就是说，对于同一大小的输入信号，传感器的正反行程输出信号大小不相等。产生这种现象的主要原因是由于传感器敏感元件材料的物理性质和机械零部件的缺陷所造成的，例如弹性敏感元件的弹性滞后、运动部件的摩擦、传动机构的间隙、紧固件松动等。

（a）线性测量系统　　（b）非线性测量系统

图 1-11　传感器的灵敏度

图 1-12　传感器迟滞特性

迟滞大小通常由实验确定。迟滞误差 γ_H 可由下式计算：

$$\gamma_H = \pm \frac{\Delta_{Hmax}}{y_{FS}} \times 100\% \qquad (1-14)$$

4. 重复性

重复性是指传感器在输入量按同一方向作全量程连续多次变化时，所得特性曲线不一致的程度，如图 1-13 所示。重复性误差属于随机误差，常用的标准偏差表示为

$$r_R = \pm \frac{(2\sim3)\sigma}{Y_{FS}} \times 100\% \qquad (1-15)$$

图 1-13　传感器重复性

也可用正反行程中的最大偏差表示，即

$$r_R = \pm \frac{1}{2} \frac{\Delta R_{max}}{Y_{FS}} \times 100\% \qquad (1-16)$$

5. 分辨力与阈值

分辨力是指传感器能检测到被测量的最小增量。分辨力可用绝对值表示，也可用与满量程的百分数表示。当被测量的变化小于分辨力时，传感器对输入量的变化无任何反应。

在传感器输入零点附近的分辨力称为阈值。

对数字仪表而言，如果没有其他附加说明，一般可认为该仪表最末位的数值就是该仪表的分辨力。

6. 稳定性

稳定性包括稳定度和环境影响量两个方面。

稳定度是指传感器在所有条件均不变的情况下，能在规定时间内维持其示值不变的能力。稳定度以示值的变化量与时间长短的比值来表示。例如，某传感器中仪表输出电压在 4h 内的最大变化量为 1.2mV，则用 1.2mV/（4h）表示为稳定度。

环境影响量是指由于外界环境变化而引起的示值变化量。示值变化由两个因素组成：零点漂移和灵敏度漂移。零点漂移是指在受外界环境影响后，已调零的仪表输出不再为零。零点漂移的现象，在测量前是可以发现的，应重新调零；但在不间断测量过程中，零点漂移是附加在读数上的，因而很难发现。

本章小结

测量是人们借助专门的技术和设备，通过实验的方法，把被测量与作为单位的标准量进行比较，以确定出被测量是标准量的多少倍数的过程，所得的倍数就是测量值。测量方法有不同的分类。根据测量手续不同可分为直接测量、间接测量和联立测量；根据测量时是否与被测对象相互接触可分为接触式测量和非接触式测量；根据被测信号的变化情况不同分为静态测量和动态测量；根据输出信号的性质不同分为模拟式测量和数字式测量；根据测量方式不同可分为偏差式测量、零位式测量与微差式测量。

测量误差是客观存在的，可用绝对误差和相对误差表示。绝对误差反映测量值偏离真值的多少，而相对误差反映测量值偏离真值的程度。根据测量数据中的误差所呈现的规律，误差分为三种，即系统误差、随机误差和粗大误差。

传感器是一种能够感受外界信息并按一定规律将其转换成可用输出信号的器件或装置，一般由敏感元件、转换元件和转换电路三部分组成，有时还要加上辅助电源。

传感器的静态特性反映了输入信号处于稳定状态时的输入-输出关系。衡量静态特性的主要指标有线性度、灵敏度、迟滞、重复性和稳定性等。动特性是指输入量随时间变化的响应特性。

思考与练习

1.1 单项选择

1. 某采购员分别在 3 家商店购买了 100kg 大米、10kg 苹果、1kg 巧克力，发现均缺少约 0.5kg，但该采购员对卖巧克力的商店意见最大，在这个例子中，产生此心理作用的主要因素是_____。

    A. 绝对误差　　　B. 示值相对误差　　　C. 满度相对误差　　　　　D. 精度等级

2. 重要场合使用的元器件或仪表，购入后需进行高、低温循环老化试验，其目的是为了_____。

    A. 提高精度　　　B. 加速其衰老　　　C. 测试其各项性能指标　　　D. 提高可靠性

3. 有一支温度计，它的测量范围为 0～200℃，精度为 0.5 级，该表可能出现的最大绝对误差为_____。

    A. 1℃　　　　　　B. 0.5℃　　　　　　C. 10℃　　　　　　　D. 200℃

4. 欲测 240V 左右的电压，要求测量示值相对误差的绝对值不大于 0.6%，若选用量程为 250V 电压表，其精度应选_____级。

    A. 0.25　　　　　B. 0.5　　　　　　C. 0.2　　　　　　　D. 1.0

1.2 测量的定义是什么？如何表示测量结果？

1.3 对于测量方法，从不同角度来看，有哪些分类方法？

1.4 如何表示测量误差？每种表示方法有什么特点？

1.5 根据误差呈现的规律，将误差分为几种？每种误差有什么特点？

1.6 有一支温度计，它的测量范围为 0～200℃，精度为 0.5 级，求：

（1）该表可能出现的最大绝对误差。

（2）当示值分别为 20℃、100℃时的示值相对误差。

1.7 欲测 240V 左右的电压，要求测量示值相对误差的绝对值不大于 0.6%。问：若选用量程为 250V 电压表，其精度应选用哪一级？若选用量程为 300V 和 500V 的电压表，其精度应分别选用哪一级？

1.8 已知待测力约为 70N，现有两只测力仪表，一只为 0.5 级，测量范围为 0～500N，另一只为 1.0 级，测量范围为 0～100N。问：选用哪一级测力仪表好？为什么？

1.9 传感器由哪几部分组成？各自的作用是什么？

1.10 传感器是如何分类的？

1.11 传感器静态特性主要有哪些？

第2章
电阻式传感器及应用

电阻式传感器的基本原理是将被测量的变化转换成传感元件电阻值的变化，再经过转换电路变成电信号输出。它的类型很多，在几何量和机械量测量领域中应用广泛，常用来测量力、压力、位移、应变、扭矩、加速度等。一般来说，电阻式传感器的结构简单、性能稳定、灵敏度较高，有的还适合于动态测量。

2.1 弹性敏感元件

物体在外力作用下改变原来尺寸或形状的现象称为变形。若去掉外力后物体又能完全恢复其原来的尺寸或形状，这种变形称为弹性变形。具有弹性变形特性的元件称为弹性元件。

弹性元件在传感器技术中占有极其重要的地位。它首先把力、力矩或压力转换成相应的应变或位移，然后配合各种形式的传感元件，将被测力、力矩或压力变换成电量。

根据弹性元件在传感器中的作用，它基本上可以分为两种类型：弹性敏感元件和弹性支撑。前者感受力、力矩、压力等被测参数，并通过它将被测量变换为应变、位移等，也就是通过它把被测参数由一种物理状态转换为另一种所需要的相应物理状态，故称为弹性敏感元件。

2.1.1 弹性敏感元件的弹性特性

作用在弹性敏感元件上的外力与由该外力所引起的相应变形（应变、位移或转角）之间的关系称为弹性元件的弹性特性。主要特性如下。

1. 刚度

刚度是弹性敏感元件在外力作用下抵抗变形的能力，用公式表示为

$$k = \lim_{\Delta x \to 0} \frac{\Delta F}{\Delta x} = \frac{\mathrm{d}F}{\mathrm{d}x}$$

（2-1）

在图 2-1 中，弹性特性曲线上某点 A 的刚度可通过 A 点作曲线的切线求得，此切线与水平线夹角的正切代表该元件在 A 点处的刚度，即 $k = \tan\theta = \mathrm{d}F/\mathrm{d}x$。如果弹性特性是线性的，它的刚度是一个常数。当测量较大力时，必须选择刚度大的弹性元件，使 x 不致太大。

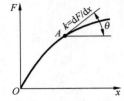

图 2-1　弹性元件的刚度特性

2. 灵敏度

灵敏度就是弹性敏感元件在单位力作用下产生变形的大小。它是刚度的倒数，即

$$K = \frac{\mathrm{d}x}{\mathrm{d}F} \tag{2-2}$$

与刚度相似，如果元件的弹性特性是线性的，则灵敏度为常数；若弹性特性是非线性的，则灵敏度为变数。

3. 弹性滞后

实际的弹性元件在加、卸载的正、反行程中变形曲线是不重合的，这种现象称为弹性滞后现象，如图 2-2 所示。

曲线 1 是加载曲线，曲线 2 是卸载曲线，曲线 1、2 所包围的范围称为滞环。产生弹性滞后的主要原因是弹性敏感元件在工作过程中分子间存在内摩擦，并造成零点附近的不灵敏区。

4. 弹性后效

弹性敏感元件所加载荷改变后，不是立即完成相应的变形，而是在一定时间间隔内逐渐完成变形的现象称为弹性后效现象。由于弹性后效的存在，弹性敏感元件的变形不能迅速地随作用力的改变而改变，因此会引起测量误差。如图 2-3 所示，当作用在弹性敏感元件上的力由零快速地达到 F_0 时，弹性敏感元件的变形首先由零迅速增加至 x_1，然后在载荷未改变的情况下继续变形直到 x_0 为止。由于弹性后效现象的存在，弹性敏感元件的变形始终不能迅速地跟上力的改变。

图 2-2　弹性滞后现象

图 2-3　弹性后效现象

5. 固有振动频率

弹性敏感元件的动态特性与它固有振动频率 f_0 有很大的关系，固有振动频率通常由实验测得。传感器的工作频率应避开弹性敏感元件的固有振动频率。

在实际选用或设计弹性敏感元件时，常常遇到线性度、灵敏度、固有振动频率之间相互矛盾、相互制约的问题，因此必须根据测量的对象和要求加以综合考虑。

2.1.2 弹性敏感元件的材料及基本要求

对弹性敏感元件的基本要求如下。

① 具有良好的机械特性（强度高、抗冲击、韧性好、疲劳强度高等）和良好的机械加工及热处理性能。

② 良好的弹性特性（弹性极限高、弹性滞后和弹性后效小等）。

③ 弹性模量的温度系数小且稳定，材料的线膨胀系数小且稳定。

④ 抗氧化性和抗腐蚀性等化学性能良好。

国外选用的弹性敏感元件材料种类繁多，一般使用合金材料，例如中碳铬镍钼钢、中碳铬锰硅钢、弹簧钢等。我国通常使用合金钢，有时也使用碳钢、铜合金和铌基合金。其中 65Mn 弹簧钢、35CrMnSiA 合金结构钢、40Cr 钢都是常用材料，50CrMnA 弹簧钢和 50CrVA 弹簧钢由于具有良好的力学性能，可用来制作承受交变载荷的弹性敏感元件材料。此外，镍铬结构钢、镍铬钼结构钢、铬钼钒工具钢也是优良的弹性敏感元件材料。铍青铜具有弹性好、强度高、弹性滞后和蠕变小、抗磁性好、耐腐蚀、焊接性能好等优良的性能，使用温度可达 100～150℃，也是常用的材料。特殊情况下，也使用石英玻璃、单晶硅及陶瓷材料等。

2.1.3 变换力的弹性敏感元件

所谓变换力的弹性敏感元件是指输入量为力 F，输出量为应变或位移的弹性敏感元件。常用的变换力的弹性敏感元件有实心轴、空心轴等截面圆环、变截面圆环、悬臂梁、扭转轴等，如图 2-4 所示。

1. 等截面轴

实心等截面轴又称柱式弹性敏感元件，如图 2-4（a）所示。在力的作用下，它的位移量很小，所以往往用它的应变作为输出量，在它的表面粘贴应变片，可以将应变进一步变换为电量。设轴的横截面积为 A，轴材料的弹性模量为 E，材料的泊松比为 μ，当等截面轴承受轴向拉力或压力 F 时，轴向应变（有时也称为纵向应变）ε_x 为

$$\varepsilon_x = \frac{\Delta l}{l} = \frac{F}{AE} \qquad (2\text{-}3)$$

与轴向垂直方向的径向应变（有时也称为横向应变）ε_y 为

$$\varepsilon_y = \frac{\Delta r}{r} = -\mu \varepsilon_x = -\frac{\mu F}{AE} \qquad (2\text{-}4)$$

等截面轴的特点是加工方便，加工精度高，但灵敏度小，适用于载荷较大的场合。

空心轴如图 2-4（b）所示，它在同样的截面积下，轴的直径可加大，可提高轴的抗弯能力。

当被测力较大时，一般多用钢材料制作弹性敏感元件，钢的弹性模量约为 $2 \times 10^{11} \mathrm{N/m^2}$。当被测力较小时，可用铝合金或铜合金。铝的弹性模量约为 $0.7 \times 10^{11} \mathrm{N/m^2}$。材料越软，弹性模

量也越小，其灵敏度也越高。

 （a）实心轴 （b）空心轴 （c）等截面圆环 （d）等截面圆环 （e）变形圆环

   （f）变形圆环   （g）变形圆环   （h）等截面悬臂梁 （i）等强度悬臂梁

     （j）变形的悬臂梁   （k）扭转轴

图 2-4 变换力的弹性敏感元件

2. 环状弹性元件

  环状弹性元件多做成等截面圆环，如图 2-4（c）、（d）所示。圆环受力后较易变形，因而它多用于测量较小的力。当力 F 作用在圆环上时，环上的 A_1、B_1 点处可产生较大的应变。当环的半径比环的厚度大得多时，A_1、B_1 点内外表面的应变大小相等、符号相反。

  图 2-4（e）为变形的圆环，与上述圆环不同之处是增加了中间过载保护缝隙。它的线性较好，加工方便，抗过载能力强。在该环的 A_1（A_2）点至 B_1（B_2）点可得到较大的应变，且内外表面的应力大小相等、符号相反。目前研制出许多变形的环状弹性元件，如图 2-4（f）、（g）所示。它们的特点是加工方便、过载能力强、线性好等。其厚度决定灵敏度的大小。

3. 悬臂梁

  悬臂梁是一端固定、一端自由的弹性敏感元件。它的特点是灵敏度高。它的输出可以是应变，也可以是挠度（位移）。由于它在相同力作用下的变形比等截面轴及圆环都大，所以多应用于较小力的测量。根据它的截面形状，又可以分为等截面悬臂梁和等强度悬臂梁。

  （1）等截面悬臂梁

  图 2-4（h）为等截面悬臂梁的侧视图及俯视图。当力 F 以如图 2-4（h）所示的方向作用于

悬臂梁的末端时，梁的上表面产生应变，下表面也产生应变。对于任一指定点来说，上、下表面的应变大小相等、符号相反。设梁的截面厚度为 δ，宽度为 b，总长为 L_0，则在距离固定端 l 处沿长度方向的应变为

$$\varepsilon = \frac{6(L_0 - l)}{Eb\delta^2} F \qquad (2\text{-}5)$$

从上式可知，最大应变产生在梁的根部，该部位是结构最薄弱处。在实际应用中，还常把悬臂梁自由端的挠度作为输出，在自由端装上电感传感器、电涡流或霍尔等传感器，就可进一步将挠度变为电量。

（2）等强度悬臂梁

从上面分析可知，在等截面梁的不同部位产生的应变是不相等的，在传感器设计时必须精确计算粘贴应变片的位置；而等强度悬臂梁则不同，如图 2-4（i）所示。设梁的长度为 L_0，根部宽度为 δ，则梁上任一点沿长度方向的应变为

$$\varepsilon = \frac{6L_0}{Eb\delta^2} F \qquad (2\text{-}6)$$

由分析可知，当梁的自由端有力 F 作用时，沿梁的整个长度上的应变处处相等，即它的灵敏度与梁长度方向坐标无关，因此称其为等强度悬臂梁。

必须说明的是，这种变截面梁的尖端部必须有一定的宽度才能承受作用力。图 2-4（j）为变形的悬臂梁。它加工方便，刚度较好，实际应用时多采用类似结构。

4. 扭转轴

扭转轴用于测量力矩和转矩。力矩 T 等于作用力 F 和力臂 L［图 2-4（k）中力臂为 r_0］的乘积，即 $T = FL$。力矩的单位为牛顿·米（N·m），在小力矩测量时也用 mN·m（1mN·m = 10^{-3}N·m）为单位。使机械部件转动的力矩叫做转动力矩，简称为转矩。任何部件在转矩的作用下，都会产生某种程度的扭转变形。因此，习惯上又常把转动力矩叫做扭转力矩。在试验和检测各类回转机械中，力矩通常是一个重要的必测参数。专门用于测量力矩的弹性敏感元件称为扭转轴。

在扭矩 T 的作用下，扭转轴的表面将产生拉伸或压缩应变。在轴表面上与轴线成 45°方向［如图 2-4（k）所示的 A_1B_1 方向］的应变为

$$\varepsilon = \frac{2T}{\pi E r_0^3}(1+\mu) \qquad (2\text{-}7)$$

而 A_1C_1 方向上的应变大小与式（2-7）相等，但符号相反。

2.1.4　变换压力的弹性敏感元件

在工业生产中，经常需要测量气体或液体的压力。变换压力的弹性敏感元件形式很多，如图 2-5 所示。由于这些元件的变形计算复杂，故本节只对它们作定性的分析。

1. 弹簧管

弹簧管又称为波登管，它是弯成各种形状（大多数弯成 C 形）的空心管子，它一端固定、一

端自由，如图 2-5（a）所示。弹簧管能将压力转换为位移，它的工作原理如下。

弹簧管截面形状多为椭圆形或更复杂的形状，压力 p 通过弹簧管的固定端导入弹簧管的内腔，弹簧管的另一端（自由端）由盖子与传感器的传感元件相连。在压力作用下，截面的短轴力图伸长，长轴缩短，弹簧管的截面力图变成圆形。截面形状的改变导致弹簧管趋向伸直，一直到与压力的作用相平衡为止〔如图 2-5（a）中的虚线所示〕。由此可见，利用弹簧管可以把压力变换为位移。C 形弹簧管的刚度较大，灵敏度较小，但过载能力较强，因此常作为测量较大压力的弹性敏感元件。

（a）弹簧管　　　　　　　（b）波纹管　　　　　　　（c）等截面薄板

（d）膜盒　　　　　　　（e）薄壁圆筒　　　　　　　（f）薄壁半球

图 2-5　变换压力的弹性敏感元件

2. 波纹管

波纹管是一种表面上由许多同心环波纹构成的薄壁圆管。它的一端与被测压力相通，另一端密封，如图 2-5（b）所示。波纹管在压力作用下将产生伸长或缩短，所以利用波纹管可以把压力变换成位移，它的灵敏度比弹簧管高得多。在非电量测量中，波纹管的直径为 12～160mm，被测压力范围为 $10^2 \sim 10^6$N。

3. 等截面薄板

等截面薄板又称为平膜片，如图 2-5（c）所示。它是周边固定的圆薄板。当它的上下两面受到均匀分布的压力时，薄板的位移或应变为零。将应变片粘贴在薄板表面，可以组成电阻应变式压力传感器，利用薄板的位移（挠度）可以组成电容式、霍尔式压力传感器。平膜片沿直线方向上各点的应变是不同的。设膜片的半径为 r_0，在 R 小于 $r_0/\sqrt{3}$ 处的圆心附近，径向应变 ε_R 是正的（拉应变）；在 $R = r_0/\sqrt{3} = 0.58r_0$ 处，$\varepsilon_R = 0$；在 R 大于 $r_0/\sqrt{3}$ 的边缘区域，径向应变 ε_R 是负的（压应变），如图 2-6 所示。圆心附近以及膜片的边缘区域应变均较大，但符号相反，这一特性在压阻传感器中得到了广泛应用。

平膜片中心的位移与压力 p 之间成非线性关系。只有当位移量比薄板的厚度小得多时，才能获得较小的非线性误差。例如，当中心位移量等于薄板厚度 1/3 时，非线性误差可达 5%。

（a）应变片的粘贴位置及平膜片的变形　　　　（b）应变分布

图 2-6　平膜片的各点应变

4. 波纹膜片和膜盒

波纹膜片是一种压有同心波纹的圆形薄膜，如图 2-7 所示。为了便于和传感元件相连接，在膜片中央留有一个光滑的部分，有时还在中心上焊接一块圆形金属片，称为膜片的硬心。当膜片弯向压力低的一侧时，能够将压力变换为位移。波纹膜片比平膜片柔软得多，因此多用于测量较小压力的弹性敏感元件。

图 2-7　波纹膜片

为了进一步提高灵敏度，常把两个膜片焊接在一起，制成膜盒。如图 2-5（d）所示。它的中心位移量为单位膜片的两倍。由于膜盒本身是一个封闭的整体，所以密封性好，周边不需固定，给安装带来了极大方便，它的应用比波纹膜片广泛得多。

膜片的波纹形状可以有很多形式，图 2-7 为锯齿波纹，有时也采用正弦波纹。波纹的形状对膜片的输出特性有影响。在一定的压力作用下，正弦波纹膜片给出的位移最大，但线性较差；锯齿波纹膜片给出的位移最小，但线性较好；梯形波纹膜片的特性介于上述两者之间，膜片厚度通常为 0.05～0.5mm。

5. 薄壁圆筒和薄壁半球

薄壁圆筒和薄壁半球的外形分别如图 2-5（e）、（f）所示，厚度一般约为直径的 1/20，内腔与被测压力相通，均匀地向外扩张，产生拉伸应力和应变。圆筒的应变在轴向和圆筒方向上是不相等的，而薄壁半球在轴向的应变是相同的。

2.2 电位器式传感器

电位器是一种常用的机电元件，广泛应用于各种电器和电子设备中。它是一种把机械的线位移或角位移输入量转换为与它成一定函数关系的电阻或电压输出的传感元件，主要用于压力、角位移、加速度、航面角等各种参数的测量。

电位器式传感器具有一系列优点，如结构简单、尺寸小、质量轻、精度高、输出信号大、性能稳定。其缺点是要求输入能量大，电刷与电阻元件之间容易磨损。

电位器的种类很多，按其结构形式不同，可分为线绕式、薄膜式、光电式等；按特性不同，可分为线性电位器和非线性电位器。目前常用的以单圈线绕电位器居多。

2.2.1　电位器的原理和基本结构

1. 电位器的转换原理

电位器的电压转换原理如图 2-8 所示，设电阻体长度为 L，触点滑动位移量为 x，两端输入电压为 U_i，则滑动端输出电压为

$$U_o = \frac{x}{L} U_i \tag{2-8}$$

对角位移式电位器来说，U_o 与滑动臂的旋转角度成正比，即

$$U_o = \frac{\alpha}{360°} U_i \tag{2-9}$$

将电位器的电刷通过机械传动装置与被测对象相连，便可测量机械直线位移或角位移。

2. 基本结构

由于测量领域的不同，电位器的结构也不同，但其基本结构是相近的。电位器通常由骨架、电阻元件及活动电刷组成。

图 2-9 为线性位移电位器基本结构组成图。根据电位器结构不同，线性位移电位器分为直线位移电位器（如图 2-9 所示）和角位移电位器（如图 2-10 所示）两种。

图 2-8　电位器的电压转换原理　　图 2-9　电位器式位移传感器　　图 2-10　电位器式角度传感器

　　　　　　　　　　　　　　　　1—电阻丝　2—骨架　3—滑臂　　1—电阻丝　2—滑臂　3—骨架

2.2.2　电位器式传感器负载特性

电位器输出端接有负载电阻时，其特性称为负载特性。接有负载电阻 R_L 的电位器如图 2-11 所示，电位器输出电压 U_L 为

$$U_{\mathrm{L}} = U \frac{R_x \cdot R_{\mathrm{L}}}{R_{\mathrm{L}} \cdot R_{\max} + R_x \cdot R_{\max} - R_x^2} \tag{2-10}$$

设电阻相对变化为 $r = R_x/R_{\max}$，并设 $m = R_{\max}/R_{\mathrm{L}}$，$m$ 称负载系数，则上式可写成

$$Y = \frac{U_{\mathrm{L}}}{U} = \frac{r}{1 + rm(1-r)} \tag{2-11}$$

而理想空载特性为

$$Y_0 = \frac{U_{\mathrm{o}}}{U} = \frac{R_x}{R_{\max}} = r \tag{2-12}$$

由于 $m \neq 0$，即 R_{L} 不是无限大，使负载特性与空载特性之间产生偏差。图 2-12 为不同 m 的负载特性曲线。

图 2-11　带负载的电位器电路

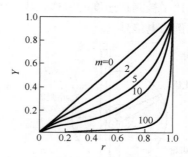

图 2-12　电位器的负载特性曲线族

2.2.3　电位器式传感器的应用

1. 电位器式压力传感器

电位器式压力传感器是利用弹性元件（如弹簧管、膜片或膜盒）把被测的压力变换为弹性元件的位移，并使此位移变为电刷触点的移动，从而引起输出电压或电流相应的变化。图 2-13 为 YCD—150 型远程压力表原理图。它是由一个弹簧管和电位器组成的压力传感器。电位器固定在壳体上，而电刷与弹簧管的传动机构相连接。当被测压力变化时，弹簧管的自由端位移，通过传动机构，一边带动压力表指针转动，另一边带动电刷在线绕电位器上滑动，从而将被测压力值转换为电阻变化，通过电源电路输出一与被测压力成正比的电压信号。

图 2-14 为另一种电位器式压力传感器的工作原理图。弹性敏感元件膜盒的内腔通入被测流体压力，在此压力作用下，膜盒硬心产生位移，推动连杆上移，使曲柄轴带动电刷在电位器电阻丝上滑动，通过电源电路输出一与被测压力成正比的电压信号。

图 2-13　YCD—150 型压力传感器原理图

图 2-14　膜盒电位器式压力传感器原理图

2. 电位器式位移传感器

图 2-15 为电位器式位移传感器结构示意图。电阻丝以均匀的间隔绕在用绝缘材料制成的骨架上，触点沿着电阻丝的裸露部分滑动，电信号由导电片输出。在测量比较小的位移时，往往利用齿轮、齿条机构把线位移变换成角位移，如图 2-16 所示。

图 2-15　电位器式位移传感器示意图

3. 电位器式加速度传感器

图 2-17 为电位器式加速度传感器结构示意图。惯性质量块在被测加速度的作用下，使片状弹簧产生正比于被测加速度的位移，从而引起电刷在电位器的电阻元件上滑动，因此输出一与加速度成比例的电信号。

图 2-16　测小位移传感器示意图

图 2-17　电位器式加速度传感器示意图
1—惯性质量块　2—片状弹簧　3—电位器
4—电刷　5—阻尼器　6—壳体

2.3 电阻应变式传感器

应变式传感器是基于测量物体受力变形产生应变的一种传感器。电阻应变片则是其最常采用的传感元件。

2.3.1　应变片与应变效应

电阻应变片是能将被测试件的应变量转换成电阻变化量的敏感元件。它是基于电阻应变效应而制成的。

1. 电阻应变效应

导体、半导体材料在外力作用下发生机械形变，导致其电阻值发生变化的物理现象称为电阻应变效应。

设一根长度为 l，截面积为 S，电阻率为 ρ 的金属丝，如图 2-18 所示。其电阻 R 的阻值为

$$R = \rho \frac{l}{S} \tag{2-13}$$

图 2-18　金属丝伸长后几何尺寸变化

当金属丝受拉时，其长度伸长 $\mathrm{d}l$，横截面将相应减小 $\mathrm{d}S$，电阻率也将改变 $\mathrm{d}\rho$，这些量的变化，必然引起金属丝电阻改变 $\mathrm{d}R$，即

$$\mathrm{d}R = \frac{\rho}{S}\mathrm{d}l - \frac{\rho l}{S^2}\mathrm{d}S + \frac{l}{S}\mathrm{d}\rho \tag{2-14}$$

令 $\dfrac{\mathrm{d}l}{l} = \varepsilon_x$，$\varepsilon_x$ 为金属丝的轴向应变量；$\dfrac{\mathrm{d}r}{r} = \varepsilon_y$，$\varepsilon_y$ 为金属丝的径向应变量。

根据材料力学原理，金属丝受拉时，沿轴向伸长，而沿径向缩短，二者之间应变的关系为

$$\varepsilon_y = -\mu\varepsilon_x \tag{2-15}$$

$$\frac{\mathrm{d}R}{R} = (1+2\mu)\varepsilon_x + \frac{\mathrm{d}\rho}{\rho} \tag{2-16}$$

令

$$K = \frac{\mathrm{d}R/R}{\varepsilon_x} = (1+2\mu) + \frac{\mathrm{d}\rho/\rho}{\varepsilon_x}$$

式中，K 为金属丝的灵敏系数，表示金属丝产生单位变形时，电阻相对变化的大小。显然，K 值越大，单位变形引起的电阻相对变化越大，故灵敏度越高。

金属丝的灵敏系数 K 受两个因素影响。

第 1 项 $(1+2\mu)$，它是由于金属丝受拉伸后，材料的几何尺寸发生变化而引起的。

第 2 项 $\dfrac{\mathrm{d}\rho/\rho}{\varepsilon_x}$，它是由材料电阻率变化所引起的。对于金属材料该项要比 $(1+2\mu)$ 小得多，可以忽略，即金属丝电阻的变化主要由材料的几何形变引起。故 $K \approx 1+2\mu$。而半导体材料的 $(\mathrm{d}\rho/\rho)/\varepsilon_x$ 项的值比 $(1+2\mu)$ 大得多。

实验证明，在金属丝变形的弹性范围内，电阻的相对变化 $\Delta R/R$ 与应变 ε_x 成正比，即

$$\frac{\Delta R}{R} = K\varepsilon_x \tag{2-17}$$

2. 电阻应变片的结构与类型

（1）应变片结构

电阻应变片（简称为应变片）的基本结构如图 2-19 所示。图中 L 为敏感栅沿轴向测量变形的有效长度（即应变片的栅距），b 为敏感栅的宽度（即应变片的基宽）。

（2）应变片类型

应变片主要有金属应变片和半导体应变片两类。金属片有丝式、箔式、薄膜式3种，其结构如图2-20所示。其中金属丝式应变片使用最早，有纸基型、胶基型两种。金属丝式应变片蠕变较大，金属丝易脱落，但其价格便宜，广泛用于应变、应力的大批量、一次性低精度的实验。

图2-19　电阻丝式应变片基本结构

1—基底　2—敏感栅　3—引线　4—覆盖层

（a）金属丝式应变片　（b）金属箔式应变片　（c）半导体应变片

图2-20　电阻应变片

金属箔式应变片是通过光刻、腐蚀等工艺，将电阻箔片在绝缘基片上制成各种图案而形成的应变片，厚度通常在0.001～0.01mm之间。其面积比丝式大得多，散热效果好，通过电流大，横向效应小，柔性好，寿命长，工艺成熟且适于大批量生产，因而得到广泛使用。

金属薄膜式应变片是薄膜技术发展的产物，它是采用真空蒸镀的方法成形的，因其灵敏系数高，又易于批量生产而备受重视。

半导体应变片是用半导体材料作为敏感栅而制成的，其灵敏度高（一般比金属丝式、箔式高几十倍），横向效应小，故它的应用日趋广泛。

3. 应变片的粘贴技术

应变片在使用时通常是用粘合剂粘贴在弹性元件或试件上，粘贴工艺对保证粘贴质量、提高测试精度起着重要的作用。因此应变片在粘贴时，应严格按粘贴工艺要求进行。

粘贴应变片的基本步骤如下。

（1）应变片的检查

对所选用的应变片进行外观和电阻的检查。观察线栅或箔栅的排列是否整齐、均匀，是否有锈蚀以及短路、断路和折弯现象。测量应变片的电阻值，检查阻值、精度是否符合要求，对桥臂配对用的应变片，电阻值要尽量一致。

（2）试件的表面处理

为了保证一定的粘合强度，必须将试件表面处理干净，清除杂质、油污及表面氧化层等。粘贴表面应保持平整，表面光滑。最好在表面打光后，采用喷砂处理，面积为应变片的3～5倍。

（3）确定贴片位置

在应变片上标出敏感栅的纵、横向中心线，粘贴时应使应变片的中心线与试件的定位线对准。

（4）粘贴应变片

用甲苯、四氯化碳等溶剂清洗试件表面和应变片表面，然后在试件表面和应变片表面上各涂一层薄而均匀的粘合剂，将应变片粘贴到试件的表面上。同时在应变片上加一层玻璃纸或透明的塑料薄膜，并用手轻轻滚动压挤，将多余的胶水和气泡排出。

（5）固化处理

根据所使用的粘合剂的固化工艺要求进行固化处理和时效处理。

（6）粘贴质量检查

检查粘贴位置是否正确，粘合层是否有气泡和漏贴，有无短路、断路现象，应变片的电阻值有无较大的变化。应变片与被测物体之间的绝缘电阻应进行检查，一般应大于 200MΩ。

（7）引出线的固定与保护

将粘贴好的应变片引出线用导线焊接好，为防止应变片电阻丝和引出线被拉断，需用胶布将导线固定在被测物体表面，且要处理好导线与被测物体之间的绝缘问题。

（8）防潮防蚀处理

为防止因潮湿引起绝缘电阻变小、黏合强度下降，或因腐蚀而损坏应变片，应在应变片上涂一层凡士林、石蜡、蜂蜡、环氧树脂、清漆等，厚度一般为 1～2mm。

4. 应变片参数

应变片的参数主要有以下几项。

（1）标准电阻值（R_0）

标准电阻值指的是在无应变（即无应力）的情况下的电阻值，单位为 Ω，主要规格有 60、90、120、150、350、600、1 000 等。

（2）绝缘电阻（R_G）

应变片绝缘电阻是指已粘贴的应变片的引线与被测试件之间的电阻值，通常要求在 100MΩ以上。R_G 的大小取决于粘合剂及基底材料的种类及固化工艺，在常温条件下要采取必要的防潮措施，而在中温或高温条件下，要注意选取电绝缘性能良好的粘合剂和基底材料。

（3）灵敏度系数（K）

灵敏度系数是指应变片安装到被测物体表面后，在其轴线方向上的单向应力作用下，应变片阻值的相对变化与被测物表面上安装应变片区域的轴向应变之比。

（4）应变极限（ε_{max}）

在恒温条件下，使非线性达到10%时的真实应变值，称为应变极限。应变极限是衡量应变片测量范围和过载能力的指标。

（5）允许电流（I_e）

允许电流是指应变片允许通过的最大电流。

（6）机械滞后、蠕变及零漂

机械滞后是指所粘贴的应变片在温度一定时，在增加或减少机械应变过程中真实应变与约定应变（即同一机械应变量下所指示的应变）之间的最大差值。蠕变是指已粘贴好的应变片，在温度一定并承受一定机械应变时，指示应变值随时间变化而产生变化。零漂是指已粘贴好的应变片，在温度一定且又无机械应变时，指示应变值发生变化。

2.3.2 测量转换电路

1. 应变片测量应变的基本原理

在外力作用下，被测对象将产生微小机械变形，由于应变片被牢固地粘在被测对象上，应变片也随着发生相同的变化，同时应变片电阻值也发生相应变化。当测得应变片电阻值变化量

ΔR 时，便可得到被测对象的应变值。根据应力与应变的关系，得到应力值 σ 为

$$\sigma = E\varepsilon \qquad (2\text{-}18)$$

式中，σ——试件的应力；

ε——试件的应变；

E——试件材料的弹性模量。

由此可知，应力值 σ 正比于应变 ε，而试件应变 ε 正比于电阻值的变化，所以应力 σ 正比于电阻值的变化，这就是利用应变片测量应变的基本原理。

2. 测量转换电路

由于机械应变一般在 $10 \times 10^{-6} \sim 3\ 000 \times 10^{-6}$ 之间，而应变灵敏度 K 值较小，因此电阻相对变化是很小的，用一般测量电阻的仪表难以直接测出来，必须用专门的电路来测量这种微弱的变化，最常用的电路为直流电桥和交流电桥。下面以直流电桥电路为例，简要介绍其工作原理及有关特性。

图 2-21　直流电桥电路原理图

（1）直流电桥电路

如图 2-21 所示，直流电桥电路的 4 个桥臂是由 R_1、R_2、R_3、R_4 组成，其中 a、c 两端接直流电压 U_i，而 b、d 两端为输出端，其输出电压为 U_o。在测量前，取 $R_1R_3 = R_2R_4$，输出电压为 $U_o = 0$。当桥臂电阻发生变化，且 $\Delta R_i << R_i$，在电桥输出端的负载电阻为无限大时，电桥输出电压可近似表示为

$$U_o = \frac{R_1R_2}{(R_1 + R_2)^2}\left(\frac{\Delta R_1}{R_1} - \frac{\Delta R_2}{R_2} + \frac{\Delta R_3}{R_3} - \frac{\Delta R_4}{R_4}\right)U_i \qquad (2\text{-}19)$$

一般采用全等臂形式，即 $R_1 = R_2 = R_3 = R_4 = R$，上式可变为

$$U_o = \frac{U_i}{4}\left(\frac{\Delta R_1}{R_1} - \frac{\Delta R_2}{R_2} + \frac{\Delta R_3}{R_3} - \frac{\Delta R_4}{R_4}\right) \qquad (2\text{-}20)$$

（2）电桥工作方式

根据可变电阻在电桥电路中的分布方式，电桥的工作方式有以下 3 种类型。

① 半桥单臂工作方式。如图 2-22（a）所示，若传感器输出的电阻变化量 ΔR 只接入电桥的一个桥臂中，在工作时，其余 3 个电阻的阻值没有变化（即 $\Delta R_2 = \Delta R_3 = \Delta R_4 = 0$）。电桥的输出电压为

$$U_o = \frac{U_i}{4}\frac{\Delta R}{R} \qquad (2\text{-}21)$$

灵敏度为

$$K = \frac{U_i}{4}$$

② 半桥双臂工作方式。如图 2-22（b）所示，在试件上安装两个工作应变片，一个受拉应变，一个受压应变，接入电桥相邻桥臂，称为半桥差动电路，电桥的输出电压为

$$U_o = \frac{U_i}{2}\frac{\Delta R}{R} \qquad (2\text{-}22)$$

灵敏度为

$$K = \frac{U_\text{i}}{2}$$

（a）半桥单臂   （b）半桥双臂   （c）全桥4臂

图 2-22   3 种桥式工作电路

U_o 与 $\Delta R/R$ 呈线性关系，差动电桥无非线性误差，而且电桥电压灵敏度 $K = U_\text{i}/2$，比单臂工作时提高一倍，同时还具有温度补偿作用。

③ 全桥 4 臂工作方式。若将电桥 4 臂接入 4 片应变片，如图 2-22（c）所示，即 2 个受拉应变，2 个受压应变，将 2 个应变符号相同的接入相对桥臂上，构成全桥差动电路。电桥的 4 个桥臂的电阻值都发生变化，电桥的输出电压为

$$U_\text{o} = \frac{\Delta R U_\text{i}}{R} \qquad\qquad (2\text{-}23)$$

灵敏度为

$$K = U_\text{i}$$

此时全桥差动电路不仅没有非线性误差，而且电压灵敏度是单片的 4 倍，同时仍具有温度补偿作用。

（3）电桥的线路补偿

① 零点补偿。在无应变的状态下，要求电桥的 4 个桥臂电阻值相同是不可能的，这样就使电桥不能满足初始平衡条件（即 $U_\text{o} \neq 0$）。为了解决这一问题，可以在一对桥臂电阻乘积较小的任一桥臂中串联一个可调电阻进行调节补偿。如图 2-23 所示，当 $R_1 R_3 < R_2 R_4$ 时，可在 R_1 或 R_3 桥臂上接入 R_P，使电桥输出达到平衡。

图 2-23   串联可调电阻补偿

② 温度补偿。环境温度的变化也会引起电桥电阻的变化，导致电桥的零点漂移，这种因温度变化产生的误差称为温度误差。产生的原因有：电阻应变片的电阻温度系数不一致；应变片材料与被测试件材料的线膨胀系数不同，使应变片产生附加应变。因此有必要进行温度补偿，以减少或消除由此而产生的测量误差。电阻应变片的温度补偿方法通常有线路补偿法和应变片自补偿两大类。

在只有一个应变片工作的桥路中，可用补偿片法。在另一块和被测试件结构材料相同而不受应力的补偿块上贴上和工作片规格完全相同的补偿片，使补偿块和被测试件处于相同的温度环境，工作片和补偿片分别接入电桥的相邻两臂，如图 2-24 所示。由于工作片和补偿片所受温度相同，则两者产生的热应变相等。因为是处于电桥的两臂，

图 2-24   采用补偿应变片的温度补偿

所以不影响电桥的输出。补偿片法的优点是简单、方便，在常温下补偿效果比较好。缺点是温度变化梯度较大时，比较难以掌握。

当测量桥路处于双臂半桥和全桥工作方式时，电桥相邻两臂受温度影响，同时产生大小相等、符号相同的电阻增量而互相抵消，从而达到桥路温度自补偿的目的。

2.3.3　电阻应变式传感器的应用

电阻应变片除直接用以测量机械、仪器及工程结构等的应力、应变外，还常与某种形式的弹性敏感元件相配合专门制成各种应变式传感器，用来测量力、压力、扭矩、位移和加速度等物理量。

1.　应变式测力与荷重传感器

电阻应变式传感器的最大用武之地是在称重和测力领域。这种测力传感器由应变计、弹性元件、测量电路等组成。根据弹性元件结构形式（柱形、筒形、环形、梁式、轮辐式等）和受载性质（拉、压、弯曲、剪切等）的不同，它们可分为许多种类。常见的应变式测力与荷重传感器有柱式、环式、悬臂梁式等，图 2-25 为其结构示意图。

（a）柱式　　（b）环式　　（c）悬臂梁式

图 2-25　应变式测力与荷重传感器

柱式力传感器的应变片粘贴在弹性体外壁应力分布均匀的中间部分，对称地粘贴多片，电桥连接时考虑减小载荷偏心和弯矩影响。横向贴片作温度补偿用。贴片在圆柱面上的展开位置及其在桥路中的连接如图 2-26 所示。柱式力传感器结构简单、紧凑，可承受很大的载荷。用柱式力传感器可制成称重式料位计，如图 2-27 所示。

（a）柱面展开图　　　　　　（b）桥路连接图

图 2-26　柱式力传感器

环式力传感器结构也较简单，一般用于测量 500N 以上的载荷。与柱式相比，应力分布变化大，有正有负。悬臂梁式力传感器可制成称重电子秤、加速度传感器等。

2.　加速度传感器

图 2-28 为应变式加速度传感器的结构图。在应变梁 2 的一端固定惯性质量块 1，梁的上下粘贴应变片 4，传感器内腔充满硅油，以产生必要的阻尼。测量时，将传感器壳体与被测对象刚性连接，当被测物体以加速度 a 运动时，质量块受到一个与加速度方向相反的惯性力作用，

使悬臂梁变形，该变形被粘贴在悬臂梁上的应变片感受到并随之产生应变，从而使应变片的电阻发生变化。电阻的变化引起应变片组成的桥路出现不平衡，从而输出电压，即可得出加速度 a 值的大小。

图 2-27　称重式料位计

图 2-28　应变式加速度传感器

1—质量块　2—应变梁　3—硅油阻尼液　4—应变片
5—温度补偿电阻　6—绝缘套管　7—接线柱
8—电缆　9—压线板　10—壳体　11—保护块

3. 压力传感器

压力传感器主要用于测量流体的压力。根据其弹性体的结构形式可分为单一式和组合式两种。如图 2-29 所示为筒式应变压力传感器。在流体压力 p 作用于筒体内壁时，筒体空心部分发生变形，产生周向应变 ε_i，测出 ε_i 即可算出压力 p，这种压力传感器结构简单，制造方便，常用于较大压力的测量。

（a）结构示意图　　　　　（b）筒式弹性元件　　　　　（c）应变片分布图

图 2-29　筒式应变压力传感器

4. 位移传感器

应变式位移传感器是把被测位移量转变成弹性元件的变形和应变，然后通过应变计和应变电桥，输出正比于被测位移的电量。它可用于近测或远测静态或动态的位移量。如图 2-30（a）所示为国产 YW 系列应变式位移传感器结构。这种传感器采用了悬臂梁—螺旋弹簧串联的组合结构，适用于 10～100mm 位移的测量。其工作原理如图 2-30（b）所示。

（a）传感器结构　　　　　　　　　　（b）工作原理

图 2-30　YW 系列应变式位移传感器

1—测量头　2—弹性元件　3—弹簧　4—外壳　5—测量杆　6—调整螺母　7—应变计

2.4 热电阻传感器

利用电阻随温度变化的特性而制成的传感器，在工业上被广泛用来对温度和与温度有关的参数进行检测。按热电阻材料的不同，热电阻传感器分为金属热电阻和半导体热电阻两大类，前者通常简称为热电阻，后者称为热敏电阻。

2.4.1　热电阻传感器

1.　热电阻传感器基本工作原理

热电阻是利用电阻与温度成一定函数关系的特性，由金属材料制成的感温元件。当被测温度变化时，导体的电阻随温度变化而变化，通过测量电阻值变化的大小而得出温度变化的情况及数值大小，这就是热电阻测温的基本工作原理。

作为测温的热电阻应具有下列基本要求：电阻温度系数（α）要大，以获得较高的灵感度；电阻率（ρ）要高，以便制作小尺寸元件；电阻值随温度变化尽量呈线性关系，以减小非线性误差；在测量范围内，物理、化学性能稳定；材料工艺性好、价格便宜等。

2.　常用热电阻及特性

常用热电阻材料有铂、铜、铁和镍等，它们的电阻温度系数在（3～6）× 10^{-3}/℃范围内，下面分别介绍它们的实用特性。

（1）铂电阻

铂电阻是目前公认的制造热电阻的最好材料，它性能稳定，重复性好，测量精度高，其电阻值与温度之间有很近似的线性关系。缺点是电阻温度系数小，价格较高。铂电阻主要用于制成标准电阻温度计，其测量范围一般为−200～+650℃。结构如图 2-31 所示。

(a) 普通型铂电阻实物图　　　　(b) 结构图

图 2-31　铂电阻的构造

1—银引出线　2—铂丝　3—锯齿形云母骨架　4—保护用云母片
5—银绑带　6—铂电阻横断面　7—保护套管　8—石英骨架

当温度 t 在 $-200\sim0℃$ 范围内时，铂的电阻值与温度的关系可表示为

$$R_t = R_0[1 + At + Bt^2 + C(t-100)t^3] \qquad (2\text{-}24)$$

当温度 t 在 $0\sim850℃$ 范围内时，铂的电阻值与温度的关系为

$$R_t = R_0(1 + At + Bt^2) \qquad (2\text{-}25)$$

式中，R_0——温度为 0℃ 时的电阻值；

$\quad\quad R_t$——温度为 t℃ 时的电阻值；

$\quad\quad A$——常数（$A = 3.968\,47 \times 10^{-3}/℃$）；

$\quad\quad B$——常数（$B = -5.847 \times 10^{-7}/℃^2$）；

$\quad\quad C$——常数（$C = -4.22 \times 10^{-12}/℃^4$）。

由式（2-24）和式（2-25）可知，热电阻 R_t 不仅与 t 有关，还与其在 0℃ 时的电阻值 R_0 有关，即在同样温度下，R_0 取值不同，R_t 的值也不同。目前国内统一设计的工业用铂电阻的 R_0 值有 46Ω 和 100Ω 等几种，并将 R_0 与 t 相应关系列成表格形式，称为分度表。上述两种铂电阻的分度号分别用 BA1 和 BA2 表示，使用分度表时，只要知道热电阻的 R_t 值，便可从表中求得与 R_t 相对应的温度值 t。

（2）铜电阻

铜电阻的特点是价格便宜（而铂是贵重金属），纯度高，重复性好，电阻温度系数大，$\alpha = （4.25\sim4.28）\times 10^{-3}/℃$（铂的电阻温度系数在 $0\sim100℃$ 之间的平均值为 $3.9 \times 10^3/℃$），其测温范围为 $-50\sim+150℃$，当温度再高时，裸铜就氧化了。

在上述测温范围内，铜的电阻值与温度呈线性关系，可表示为

$$R_t = R_0（1 + \alpha t） \qquad (2\text{-}26)$$

铜热电阻的主要缺点是电阻率小，所以制成一定电阻时与铂材料相比，铜电阻要细，造成机械强度不高，或要长则体积较大，而且铜电阻容易氧化，测温范围小。因此，铜电阻常用于介质温度不高、腐蚀性不强、测温元件体积不受限制的场合。铜电阻的 R_0 值有 50Ω 和 100Ω 两种，分度号分别为 Cu50、Cu100。

（3）其他热电阻

镍和铁的电阻温度系数大，电阻率高，可用于制成体积大、灵敏度高的热电阻。但由于容易氧化，化学稳定性差，不易提纯，重复性和线性度差，目前应用还不多。

近年来在低温和超低温测量方面，开始采用一些较为新颖的热电阻，例如铑铁电阻、铟电阻、锰电阻、碳电阻等。铑铁电阻是以含铁量为 0.5%原子百分比的铑铁合金丝制成的，常用于测量 0.3～20K 范围内的温度，具有较高的灵敏度和稳定性，重复性较好等优点。铟电阻是一种高精度低温热电阻，铟的熔点约为 429K，在 4.2～15K 温度内其灵敏度比铂高 10 倍，故可用于铂电阻不能使用的测温范围。

3. 热电阻的测量电路

最常用的热电阻测温电路是电桥电路，如图 2-32 所示。图中 R_1、R_2、R_3 和 R_t（或 R_q、R_M）组成电桥的 4 个桥臂，其中 R_t 是热电阻，R_q 和 R_M 分别是调零和调满刻度的调整电阻（电位器）。测量时先将切换开关 S 扳到"1"位置，调节 R_q 使仪表指示为零，然后将 S 扳到"3"位置，调节 R_M 使仪表指示到满刻度，作这种调整后再将 S 扳到"2"位置，则可进行正常测量。由于热电阻本身电阻值较小（通常约为 100Ω），而热电阻安装处（测温点）距仪表之

图 2-32 热电阻测温电路

间总有一定距离，则其连接导线的电阻也会因环境温度的变化而变化，从而造成测量误差。为了消除导线电阻的影响，一般采用 3 线制连接法，如图 2-33 所示。图 2-33（a）的热电阻有 3 根引出线，而图 2-33（b）的热电阻只有两根引出线，但都采用了 3 线制连接法。采用 3 线制接法，引线的电阻分别接到相邻桥臂上且电阻温度系数相同，因而温度变化时引起的电阻变化亦相同，使引线电阻变化产生的附加误差减小。

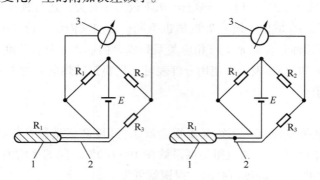

（a）3 根引出线的 3 线制接法　　（b）2 根引出线的 3 线制接法

图 2-33 热电阻 3 线制接法测量桥路

1—电阻体　2—引出线　3—显示仪表

在进行精密测量时，常采用 4 线制连接法，如图 2-34 所示。由图可知，调零电阻 R_q 分为两部分，分别接在两个桥臂上，其接触电阻与检流计 G 串联，接触电阻的不稳定不会影响电桥的平衡和正常工作状态，其测量电路常配用双电桥或电位差计。

4. 热电阻的应用

在工业上广泛应用金属热电阻传感器进行 −200～+500℃范围内的温度测量，在特殊情况下，测量的低温端可达 3.4K，甚至更低（1K 左右），高温端可达 1 000℃，甚至更高，而且测量电路也较为简单。金属热电阻传感器作温度测量

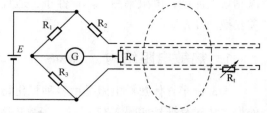

图 2-34　热电阻测温电路的 4 线制接法

的主要特点是精度高，适用于测低温（测高温时常用热电偶传感器），便于远距离、多点、集中测量和自动控制。

（1）温度测量

利用热电阻的高灵敏度进行液体、气体、固体、固熔体等方面的温度测量，是热电阻的主要应用。工业测量中常用 3 线制接法，标准或实验室精密测量中常用 4 线制接法。这样不仅可以消除连接导线电阻的影响，而且还可以消除测量电路中寄生电势引起的误差。在测量过程中需要注意的是，流过热电阻丝的电流不要过大，否则会产生过大的热量，影响测量精度。图 2-35 为热电阻的测量电路图。

（2）流量测量

利用热电阻上的热量消耗和介质流速的关系还可以测量流量、流速、风速等。图 2-36 为利用铂热电阻测量气体流量的一个例子。图中热电阻探头 R_{t1} 放置在气体流路中央位置，它所耗散的热量与被测介质的平均流速成正比；另一热电阻 R_{t2} 放置在不受流动气体干扰的平静小室中，它们分别接在电桥的两个相邻桥臂上。测量电路在流体静止时处于平衡状态，桥路输出为零。当气体流动时，介质会将热量带走，从而使 R_{t1} 和 R_{t2} 的散热情况不一样，致使 R_{t1} 的阻值发生相应的变化，使电桥失去平衡，产生一个与流量变化相对应的不平衡信号，并由检流计 P 显示出来，检流计的刻度值可以做成气体流量的相应数值。

图 2-35　热电阻的测量电路图

图 2-36　热电阻式流量计电路原理图

2.4.2　热敏电阻传感器

热敏电阻是用半导体材料制成的热敏器件。相对于一般的金属热电阻而言，它主要具备如下特点：电阻温度系数大，灵敏度高，比一般金属电阻大 10～100 倍；结构简单，体积小，可

以测量点温度；电阻率高，热惯性小，适宜动态测量；阻值与温度变化呈非线性关系；稳定性和互换性较差。

1. 热敏电阻结构

大部分半导体热敏电阻是由各种氧化物按一定比例混合，经高温烧结而成的。热敏电阻的外形、结构及符号如图2-37所示。多数热敏电阻具有负的温度系数，即当温度升高时，其电阻值下降，同时灵敏度也下降。由于这个原因，限制了它在高温下的使用。

（a）圆片型热敏电阻　（b）柱型热敏电阻　　　（c）珠型热敏电阻　　　　　　　　（d）铠装型

（e）厚膜型　　　　　　（f）图形符号

图2-37　热敏电阻的外形、结构及符号

1—热敏电阻　2—玻璃外壳　3—引出线　4—紫铜外壳　5—传热安装孔

2. 热敏电阻的热电特性

热敏电阻是一种新型的半导体测温元件，它是利用半导体的电阻随温度变化的特性而制成的。按温度系数不同可分为正温度系数热敏电阻（PTC）和负温度系数热敏电阻（NTC）两种。NTC又可分为两大类：第1类电阻值与温度之间呈严格的负指数关系；第2类为突变型（CTR），当温度上升到某临界点时，其电阻值突然下降。

热敏电阻的热电特性曲线如图2-38所示。

图2-38　热敏电阻的热电特性曲线

1—突变型NTC　2—负指数型NTC
3—线性型PTC　4—突变型PTC

3. 热敏电阻的应用

（1）热敏电阻体温表

图2-39为热敏电阻体温表原理图。测体温时必须先对该温度计进行标定：将绝缘的热敏电阻放入32℃（表头的零位）的温水中，待热量平衡后，调节R_{P1}，使指针在32℃上，再加热水。用更高一级的温度计监测水温，使其上升到45℃。待热量平衡后，调节R_{P2}，使指针指在45℃上。再加入冷水，逐渐降温，检查32～45℃范围内分度的准确性。若不准确可重新标定。

（a）热敏电阻体温表外形

（b）桥式电路

（c）调频式电路

图 2-39　热敏电阻体温表原理图

1—热敏电阻　2—指针式显示器　3—调零电位器　4—调满度电位器

（2）电热水器温度控制电路

图 2-40 所示是由热敏电阻温度传感器构成的电热水器温度控制电路，适用于各种电热水器的温度控制。

图 2-40　热敏电阻构成的电热水器温度控制电路

电热水器内的水温可由 R_P 的调整值来确定。负温度系数热敏电阻传感器 R_t 可对桶内的水温进行检测，并将检测到的温度值转变为电压加到 IC1-1 的③脚。当桶内水温低时，R_t 的电阻值较大，使加到 IC1-1③脚的电压低于其②脚上的基准电压，IC1-1 的①脚输出低电平，使 IC1-3 的⑦脚输出高电平，VT_2 导通。这一方面使指示灯 LED_2 导通发光，以示加热状态，另一方面使 KA 继电器线圈得电吸合，其常开触点 KA_1 和 KA_2 均闭合，从而接通了电加热器 EH 的供电电路，使其通电工作，对水进行加热。当桶内水温达到设定值时，R_t 的电阻值变小，使加到 IC1-1③脚的电压高于其②脚上的基准电压，IC1-1 的①脚输出高电平，使 IC1-3 的⑦脚输出低电平，VT_2 截止。KA 继电器断电释放，其闭合的常开触点 KA_1 和 KA_2 断开，从而切断了电加热器 EH 的供电，使 EH 停止加热。与此同时，IC1-1①脚输出的高电平也使 IC1-4⑫脚电压高于⑬脚电压，其⑭脚输出高电平，驱动蜂鸣器 HA 发声，以示水温达到设定值。

（3）电动机的过载保护控制

如图 2-41 所示，R_{t1}、R_{t2}、R_{t3} 是特性相同的 PRC6 型热敏电阻，放在电动机绕组中，用万能胶固定。阻值 20℃时为 10kΩ，100℃时为 1kΩ，110℃时为 0.6kΩ。正常运行时，三极管 VT 截止，KA 不动作。当电动机过载、断相或一相接地时，电动机温度急剧升高，使 R_t 阻值急剧减小，到一定值时，VT 导通，KA 得电吸合，从而实现保护作用。根据电动机各种绝缘等级的允许温升来调节偏流电阻 R_2 值，从而确定 KA 的动作点，其效果好于熔丝及双金属片热继电器。

（a）连接示意图　　　　　（b）电动机定子上热敏电阻连接方式

图 2-41　热敏电阻构成的电动机过载保护电路图

2.4.3　集成温度传感器

集成温度传感器就是在一块极小的半导体芯片上集成了包括敏感器件、信号放大电路、温度补偿电路、基准电源电路等在内的各个单元，它使传感器与集成电路融为一体。

1. AD590 系列集成温度传感器

（1）AD590 结构

AD590（美国 AD 公司生产）是电流输出型集成温度传感器，国内同类产品为 SG590。器件电源电压 4～30V，测温范围 −50～+150℃。结构外形如图 2-42 所示。

（2）AD590 伏安特性和温度特性

AD590 伏安特性和温度特性如图 2-43 所示。

图 2-42　AD590 外形和电路符号

图 2-43　AD590 特性曲线

（3）温度控制电路

由 AD590 构成的可变温度控制电路原理图如图 2-44 所示。集成运放 A 连接成比较器方式，比较器基准电压由 R_P 设定，调整 R_P 的值可改变基准电压，即改变恒温数值。比较电压来至 AD590 输出的与温度对应的电流，该电流在 R_3 上产生的电压与基准电压进行比较，从而输出一个信号来控制加热器的通断。如果加热器功率较大，则可通过增加继电器，由 VT_1 和 VT_2 驱动继电器，再由继电器触点驱动加热器。

图 2-44　温度控制电路

2. 其他类型的国产集成温度传感器

（1）SL134 集成温度传感器

SL134 是一种电流型三端器件，它是利用晶体管的电流密度差来工作的。

（2）SL616 集成温度传感器

SL616 是一种电压输出型四端器件，由基准电压、温度传感器、运算放大器 3 部分电路组成，整个电路可在 7V 以上的电源电压范围内工作。

图 2-45 所示是由集成温度传感器 SL616 构成的超温报警电路，适用于对温度有控制要求的场合。R_{P1} 电位器用来设定报警温度点。当 SL616 检测到的温度低于设定值时，SL616 的①脚输出高电平，使 VT_1 导通，等效于将 IC_2 的④脚接地，IC_2 组成的多谐振荡器不会工作。当 SL616 检测到的温度高于设定值时，SL616 的①脚输出低电平，使 VT_1 截止，IC_2 的④脚为高电平而起振工作，驱动扬声器 BL，发出报警声，以示温度超过设定值。

图 2-45　由集成温度传感器 SL616 构成的超温报警电路

2.5

气敏和湿敏电阻传感器

2.5.1　气敏电阻传感器

1．气敏传感器材料及工作原理

所谓气敏传感器，是利用半导体气敏元件同气体接触，造成半导体电阻值变化，借此来检测特定气体的成分或浓度的传感器的总称。气敏传感器主要用于工业上天然气、煤气以及石油化工等部门的易燃、易爆、有毒、有害气体的监测、预报和自动控制。

气敏电阻的材料是金属氧化物，在合成材料时，通过化学计量比的偏离和杂质缺陷制成，金属氧化物半导体分 N 型半导体，如氧化锡、氧化铁、氧化锌、氧化钨等；P 型半导体，如氧化钴、氧化铅、氧化铜、氧化镍等。为了提高某种气敏元件对某些气体成分的选择性和灵敏度，合成材料有时还掺入了催化剂，如钯（Pd）、铂（Pt）、银（Ag）等。

金属氧化物在常温下是绝缘的，制成半导体后却显示气敏特性。通常器件工作在空气中，当 N 型半导体材料遇到离解能较小易于失去电子的还原性气体（即可燃性气体，如一氧化碳、氢、甲烷、有机溶剂等）后，发生还原反应，电子从气体分子向半导体移动，半导体中的载流子浓度增加，导电性能增强，电阻减小。当 P 型半导体材料遇到氧化性气体（如氧、三氧化硫等）后就会发生氧化反应，半导体中的载流子浓度减少，导电性能减弱，因而电阻增大。对混合型材料无论吸附氧化性气体还是还原性气体，都将使载流子浓度减少，电阻增大。

半导体气敏传感器的种类如表 2-1 所示。

表 2-1　　　　　　　　　　　　　半导体气敏传感器的分类

	主要物理特性	传感器举例	工作温度	典型被测气体
电阻式	电阻　表面控制型	氧化银、氧化锌	室温～450℃	可燃气体
	体控制型	氧化钛、氧化钴、氧化镁、氧化锡	700℃以上	酒精、氧气

续表

	主要物理特性	传感器举例	工作温度	典型被测气体
非电阻式	表面电位	氧化银	室温	硫醇
	二极管整流特性	铂/硫化镉、铂/氧化钛	室温～200℃	氢气、一氧化碳、酒精
	晶体管特性	铂栅 MOS 场效应晶体管	150℃	氢气、硫化氢

2. 气敏元件的基本测量电路

气敏元件的基本测量电路如图 2-46 所示，图中 E_H 为加热电源，E_c 为测量电源，电路中气敏电阻值的变化引起电路中电流的变化，输出信号电压由电阻 R_o 上取出。气敏元件在低浓度下灵敏度高，在高浓度下趋于稳定值。因此，常用来检查可燃性气体泄漏并报警等。气敏元件工作时需要本身的温度比环境温度高很多。因此，气敏元件在结构上有电阻丝加热器，1 和 2 是加热电极，3 和 4 是气敏电阻的一对电极。

氧化锡、氧化锌材料气敏元件输出电压与温度的关系如图 2-47 所示。

图 2-46　气敏元件的基本测量电路

1、2—加热电极　　3、4—测量电极

图 2-47　气敏元件输出电压与温度的关系

3. 气敏电阻元件的种类

气敏电阻元件种类很多，按制造工艺分为烧结型、薄膜型、厚膜型。

（1）烧结型气敏元件

将元件的电极和加热器均埋在金属氧化物气敏材料中，经加热成型后低温烧结而成。目前最常用的是氧化锡（SnO_2）烧结型气敏元件，用来测量还原性气体。它的加热温度较低，一般在 200～300℃，SnO_2 气敏半导体对许多可燃性气体，如氢、一氧化碳、甲烷、丙烷、乙醇等都有较高的灵敏度。图 2-48 为 MQN 型气敏电阻的结构及测量转换电路简图。

（2）薄膜型气敏元件

采用真空镀膜或溅射方法，在石英或陶瓷基片上制成金属氧化物薄膜（厚度 0.1μm 以下），构成薄膜型气敏元件。

氧化锌（ZnO_2）薄膜型气敏元件以石英玻璃或陶瓷作为绝缘基片，通过真空镀膜在基片上蒸镀锌金属，用铂或钯膜作引出电极，最后将基片上的锌氧化。氧化锌敏感材料是 N 型半导体，当添加铂作催化剂时，对丁烷、丙烷、乙烷等烷烃气体有较高的灵敏度，而对 H_2、CO 等气体灵敏度很低。若用钯作催化剂时，对 H_2、CO 有较高的灵敏度，而对烷烃类气体灵敏度低。因此，这种元件有良好的选择性，工作温度在 400～500℃的较高温度。

（a）气敏烧结体　　　　　（b）气敏电阻　　　　　（c）基本测量电路

图 2-48　MQN 型气敏电阻结构及测量电路

1—引脚　2—塑料底座　3—烧结体　4—不锈钢网罩　5—加热电极

6—工作电极　7—加热回路电源　8—测量回路电源

（3）厚膜型气敏元件

将气敏材料（如 SnO_2、ZnO）与一定比例的硅凝胶混制成能印刷的厚膜胶，把厚膜胶用丝网印刷到事先安装有铂电极的氧化铝（Al_2O_3）基片上，在 400～800℃的温度下烧结 1～2h 便制成厚膜型气敏元件。用厚膜工艺制成的器件一致性较好，机械强度高，适于批量生产。

以上 3 种气敏器件都附有加热器，在实际应用时，加热器能将附着在测控部分上的油雾、尘埃等烧掉，同时加速气体氧化还原反应，从而提高器件的灵敏度和响应速度。

4. 气敏传感器应用电路

（1）QM-N5 气敏传感器及其应用电路

QM 系列气敏元件是采用金属氧化物半导体作敏感材料的 N 型半导体气敏元件，该气敏元件接触可燃性气体时电导率增加，适宜于在气体报警器、监控仪器、自动排风装置上作气敏传感器，广泛地应用于防火、保安、环保和家庭等领域。

QM-N5 气敏传感器可用于检测 CH_4、H_2、C_4H_{10} 等可燃性气体、有机液蒸汽和烟雾等，检测范围为（100～10 000）× 10^{-6}，具有灵敏度高、响应恢复快的特点。

如图 2-49 所示的电路是用 QM-N5 气敏传感器构成的换气扇自动控制电路。该电路由气体检测、温度检测、逻辑或电路、触发电路和整流稳压电路组成。图中气敏元件 R_{P_1}、C_1、R_1、R_2 共同构成气体检测电路，输出电压为 V_B。R_t、C_2、R_{P_2} 共同构成温度检测电路，输出电压为 V_E。VD_1、VD_2 和 VT_1 构成逻辑或电路，当 V_B 或 V_E 高于 1V 时，VT_1 导通；反之，V_B 和 V_E 均低于 1V 时，VT_1 截止。触发器 IC_1 输出高电平时，SCR 导通，换气扇通电工作；反之，SCR 截止，换气扇停止工作。SCR 两端并接了 RC 吸收网络，确保其不受损害。开关 K_1 为电源开关。D_W、VD_4、R_6、C_4、C_5 组成整流稳压电路，提供 9V 左右的直流电压。

工作时，K_1 合上，当室内无有害气体，室温低于人体温度（36℃）时，气敏元件 A、B 两端的阻值较大，热敏电阻的阻值也较大，使得 B、E 两端的电压均低于 1V，逻辑或电路输出为低电平，SCR 截止，换气扇不工作。当室内有害气体或油烟浓度超过设定值，气敏元件 A、B 两端的阻值迅速减少，使 B 点电位升高，逻辑或电路输出高电平，SCR 导通，换气扇工作。当室温上升接近人体温度时，热敏电阻的阻值下降，E 点电位升高，也可以使逻辑或电路输出高电平，SCR 导通，换气扇工作。

图 2-49　换气扇自动控制电路

（2）简易家用气体报警器

图 2-50 为一种简单的家用报警器电路，气敏元件采用测试回路高电压的直热式气敏元件 TGS109，当室内可燃性气体浓度增加时，气敏器件接触到可燃性气体而电阻降低，回路电流增加，驱动蜂鸣器 BZ 报警。

图 2-50　简易家用气体报警电路

2.5.2　湿敏电阻传感器

1.　湿度的概念和表示方法

湿度是指大气中的水蒸气含量，通常采用绝对湿度和相对湿度两种表示方法。绝对湿度是指单位空间中所含水蒸气的绝对含量或者浓度或者密度，一般用符号 AH 表示，单位 g/m^3。相对湿度是指被测气体中蒸汽压和该气体在相同温度下饱和水蒸汽压的百分比，一般用符号 RH 表示。相对湿度给出大气的潮湿程度，它是一个无量纲的量，在实际使用中多使用相对湿度这一概念。

下面介绍一些至今发展比较成熟的几类湿敏传感器。

2.　比较成熟的几类湿敏传感器

（1）氯化锂湿敏电阻

氯化锂湿敏电阻是利用吸湿性盐类潮解，离子导电率发生变化而制成的测湿元件，该元件由引线、基片、感湿层与电极组成，结构如图 2-51 所示。

氯化锂通常与聚乙烯醇组成混合体，在氯化锂（LiCl）溶液中，Li 和 Cl 均以正负离子的形式存在，而 Li^+ 对水分子的吸引力强，离子水合程度高，其溶液中的离子导电能力与浓度成正比。当溶液置于一定温湿场中，若环境相对湿度高，溶液将吸收水分，使浓度降低，因此，其溶液电阻率增高。反之，环境相对湿度变低时，则溶液浓度升高，其电阻率下降，从而实现对湿度的测量。氯化锂湿敏元件的湿度—电阻特性曲线如图 2-52 所示。

图 2-51　氯化锂湿敏电阻结构　　　　图 2-52　氯化锂湿敏元件湿度—电阻特性曲线

1—引线　2—基片　3—感湿层　4—金属电极

由图可知，在 50%～80%相对湿度范围内，电阻与湿度的变化呈线性关系。为了扩大湿度测量的线性范围，可以将多个氯化锂含量不同的器件组合使用，如将测量范围分别为（10%～20%）RH，（20%～40%）RH，（40%～70%）RH，（70%～90%）RH 和（80%～99%）RH 5 种元件配合使用，就可自动地转换完成整个湿度范围的湿度测量。

氯化锂湿敏元件的优点是滞后小，不受测试环境风速影响，检测精度高达±5%，但其耐热性差，不能用于露点以下测量，器件性能的重复性不理想，使用寿命短。

（2）半导体陶瓷湿敏电阻

半导体陶瓷湿敏电阻通常是用两种以上的金属氧化物半导体材料混合烧结而成的多孔陶瓷。这些材料有 ZnO-LiO_2-V_2O_5 系、Si-Na_2O-V_2O_5 系、TiO_2-MgO-Cr_2O_3 系、Fe_2O_3 等，前 3 种材料的电阻率随湿度增加而下降，故称为负特性湿敏半导体陶瓷，最后一种的电阻率随湿度增大而增大，故称为正特性湿敏半导体陶瓷。

① ZnO-Cr_2O_3 陶瓷湿敏元件。ZnO-Cr_2O_3 湿敏元件的结构是将多孔材料的电极烧结在多孔陶瓷圆片的两表面上，并焊上铂引线，然后将敏感元件装入有网眼过滤的方形塑料盒中用树脂固定而做成的，其结构如图 2-53 所示。ZnO-Cr_2O_3 传感器能连续稳定地测量湿度，而无需加热除污装置，因此功耗低于 0.5W，体积小、成本低，是一种常用测湿传感器。

② $MgCr_2O_4$-TiO_2 湿敏元件。氧化镁复合氧化物-二氧化钛湿敏材料通常制成多孔陶瓷型"湿-电"转换器件，它是负特性半导体陶瓷。$MgCr_2O_4$ 为 P 型半导体，它的电阻率低，阻值温度特性好，结构如图 2-54 所示。

图 2-53 ZnO-Cr$_2$O$_3$ 湿敏元件结构

图 2-54 陶瓷湿度传感器结构

1—引线 2—多孔性电极 3—多孔陶瓷 4—底座
5—镍铬加热丝 6—外壳 7—引脚 8—气孔

在 MgCr$_2$O$_4$-TiO$_2$ 陶瓷片的两面涂覆有多孔金电极。金电极与引出线烧结在一起，为了减少测量误差，在陶瓷片外设置由镍铬丝制成的加热线圈，以便对器件加热清洗，排除恶劣气体对器件的污染。整个器件安装在陶瓷基片上，电极引线一般采用铂-铱合金。

传感器的电阻值既随所处环境相对湿度的增加而减少，又随周围环境温度的变化而有所变化。

3. ZHG 型湿敏电阻及其应用

ZHG 型湿敏电阻为陶瓷湿敏传感器，其阻值随被测环境湿度的升高而降低。ZHG 湿敏电阻有两种型号：ZHG-1 型和 ZHG-2 型，前者外形为长方形，外壳采用耐高温塑料，多用于家用电器；后者外形为圆柱体，外壳用铜材料制作，多用于工厂车间、塑料大棚、仓库和电力开关等场合的湿度控制。

ZHG 型湿敏电阻的特点是：体积小、质量轻、灵敏度高、测量范围宽（5%～99%RH）、温度系数小、响应时间短、使用寿命长。

图 2-55 为应用 ZHG 型湿敏电阻的湿度检测电路图。共由 5 部分组成：湿敏元件（R_3）；振荡器（由 IC$_1$、R_1、R_2、C_1 和 VD$_1$ 组成，R_1、R_2 和 C_1 的数值决定振荡频率，本电路频率约为 100Hz）；对数变换器（由 IC$_{2-1}$、VD$_2$、VD$_3$ 和 VD$_4$ 组成）；滤波器（由 R_4、C_4 组成）；放大器（由 IC$_{2-2}$、R_P、R_5、R_6、R_7、R_8 和 VT$_1$ 组成）。

本传感器的测量电路由湿敏元件、电源（振荡器）和隔直电容 C_2 构成，ZHG 湿敏电阻一般情况下需采用交流供电，否则湿度高时将有电泳现象，使阻值产生漂移。但特殊场合，如工作电流小于 10μA，湿度小于 60%RH 时，测量回路可以使用直流电源。

图 2-55　ZHG 型湿敏电阻湿度检测电路

　　由于 ZHG 湿敏电阻的湿度电阻特性为非线性关系，对数变换器用于修正其非线性，修正后仍有一定的非线性，但误差小于±5%RH。输出电路由放大器构成，输出信号为电压。该电路适用于测控精度要求不是很高的场合。

　　ZHG 湿敏电阻抗短波辐射的能力差，不宜在阳光下使用。室外使用时应加百叶箱式防护罩，否则影响寿命。ZHG 湿敏电阻一旦被污染可用无水乙醇或超声波清洗、烘干。烘干温度为 105℃，时间 4h，然后重新标定使用。

 本章小结

　　弹性敏感元件在传感器技术中占有极其重要的地位。它首先把力、力矩或压力转换成相应的应变或位移，然后配合各种形式的传感元件，将被测力、力矩或压力转换成电量。

　　电位器式传感器是把机械量转化为电信号的转换元件，一般用于静态和缓变量的检测。根据电位器的输出特性，可分为线性电位器和非线性电位器。

　　电阻应变式传感器的工作原理是基于电阻应变效应，即金属丝的电阻随着它所受的机械变形而发生相应变化。电阻应变式传感器可测量位移、加速度、力、力矩、压力等各种参数，是目前应用最广泛的传感器之一。

　　热电阻传感器是利用电阻随温度变化的特性而制成的，它在工业上被广泛用来对温度和与温度有关参数的检测。按热电阻性质的不同，热电阻传感器可分为金属热电阻和半导体热电阻两大类。当被测温度变化时，导体的电阻随温度变化而变化，通过测量电阻值变化的大小而得出温度变化的情况及数值大小。热敏电阻按温度系数不同可分为正温度系数（PTC）和负温度系数（NTC）两种。集成温度传感器最大优点在于小型化、使用方便和成本低廉，广泛应用于温度监测、控制和补偿。其典型工作温度范围是−50～+150℃。

　　气敏传感器是利用半导体气敏元件同气体接触，造成半导体电阻值变化，借此来检测待定气体的成分或者浓度的传感器的总称。气敏电阻元件种类很多，按制造工艺分为烧结型、薄膜型、厚膜型。气敏电阻传感器主要用于工业上天然气、煤气以及石油化工等部门的易燃、易爆、有毒、有害气体的监测、预报和自动控制。

湿度是指大气中的水蒸气含量，通常采用绝对湿度和相对湿度两种表示方法。水是一种强极性的电解质。水分子极易吸附于固体表面并渗透到固体内部，引起半导体的电阻值降低，因此可以利用多孔陶瓷、三氧化二铝等吸湿材料制作湿敏电阻。比较成熟的湿敏电阻传感器有氯化锂湿敏电阻和半导体陶瓷湿敏电阻。

思考与练习

2.1 填空

1. 所谓半导体气敏传感器，是利用半导体气敏元件同_____，造成半导体_____，借此来检测特定气体的成分或者浓度的传感器的总称。

2. 气敏电阻元件种类很多，按制造工艺分为_____、薄膜型、_____。

3. 在实际应用时，气敏器件都附有_____，加热器能使附着在测控部分上的油雾、尘埃等烧掉，同时_____，从而提高器件的灵敏度和响应速度。

4. 氯化锂湿敏电阻是利用_____，离子导电率_____而制成的测湿元件，该元件由引线、基片、感湿层与电极组成。

2.2 单项选择

1. 气敏元件通常工作在高温状态（200～450℃），目的是_____。

    A. 为了加速上述的氧化还原反应

    B. 为了使附着在测控部分上的油雾、尘埃等烧掉，同时加速气体氧化还原反应

    C. 为了使附着在测控部分上的油雾、尘埃等烧掉

2. 气敏元件开机通电时的电阻很小，经过一定时间后，才能恢复到稳定状态；另一方面也需要加热器工作，以便烧掉油雾、尘埃。因此，气敏检测装置需开机预热_____后，才可投入使用。

    A. 几小时   B. 几天   C. 几分钟   D. 几秒钟

3. 气敏器件工作在空气中，在还原性气体浓度升高时，气敏器件的电阻_____。

    A. 升高   B. 降低   C. 不变   D. 不确定

4. 当气温升高时，气敏电阻的灵敏度将_____，所以必须设置温度补偿电路。

    A. 减低   B. 升高   C. 随时间漂移   D. 不确定

5. 图 2-49 为用 QM-N5 气敏传感器构成的换气扇自动控制电路。换气扇通电采用 SCR 器件进行控制，这是为了_____。

    A. 使系统响应快   B. 避免产生电火花，提高安全性

    C. 降低成本   D. 便于电路设计

6. 如图 2-52 所示的氯化锂湿敏元件的湿度—电阻特性曲线图，从中可以看出_____。

    A. 在 50%～80%相对湿度范围内，电阻值的对数与相对湿度的变化呈线性关系

    B. 在 50%～80%相对湿度范围内，电阻值与相对湿度的变化呈线性关系

    C. 在 50%～80%相对湿度范围内，电阻值的对数与湿度的变化呈线性关系

    D. 在 70%～80%相对湿度范围内，电阻值的对数与相对湿度的变化呈线性关系

2.3　简述弹性元件在传感器技术中占有的重要地位。

2.4　根据弹性元件在传感器中的作用，它可以分为哪两种类型？并简述这两种类型弹性元件的作用。

2.5　电位器式传感器具有什么特点？

2.6　简述电位器式传感器的基本结构组成。

2.7　电位器式传感器的负载特性和理想空载特性有什么不同？

2.8　简述如图 2-14 所示的膜盒电位器式压力传感器工作原理。

2.9　什么是电阻应变效应？

2.10　电阻应变式传感器测量转换电桥有哪 3 种工作方式？简述每种工作方式的特点。

2.11　为什么电阻式应变片的电阻不能用普通的测量电阻的仪表测量？

2.12　简述电阻式应变片的粘贴步骤，对于多个电阻式应变片在粘贴时其粘贴位置方向应注意哪些问题？

2.13　为什么说差动电桥具有温度补偿作用？

2.14　图 2-56 为商场常用电子秤结构，请简述其工作原理。

2.15　请简述如图 2-27 所示的称重式料位计的工作原理。并画出柱式力传感器构成称重检测系统框图。

应变片

图 2-56　电子秤结构

2.16　在材料为钢的实心圆柱形试件上，沿轴线和圆周方向各贴一片电阻为 120Ω 的金属应变片 R_1 和 R_2，把这两应变片接入差动电桥［参看图 2-22（a）］。若钢的泊松系数 $\mu = 0.285$，应变片的灵敏系数 $K = 2$，电桥电源电压 $U = 2\text{V}$，当试件受轴向拉伸时，测得应变片 R_1 的电阻变化值 $\Delta R_1 = 0.48\Omega$，试求电桥的输出电压 U_o。

2.17　简述热电阻传感器基本工作原理。

2.18　按热电阻性质的不同，热电阻传感器可分为哪两大类？简述这两类热电阻的特性。

2.19　如图 2-57 所示给出了一种测温电路。其中 R_t 是感温电阻，$R_t = R_0(1 + 0.005t)\text{k}\Omega$；$R_B$ 为可调电阻；E 为工作电压。试问：

（1）这是什么测温电路？主要特点是什么？

（2）电路中的 G 代表什么？如果要提高测温灵敏度，G 的内阻取大些好，还是小些好？

（3）基于该电路的工作原理，说明调节电阻 R_B 随温度变化的关系。

2.20　热敏电阻温度计如图 2-58 所示，请简述其工作原理。

图 2-57　测温电路

热敏电阻

图 2-58　ZHL338 型数字温度计

2.21　简要说明气体传感器的分类，并说明它们各自的工作原理有何特点。

2.22 阐述在不同场合选用气体传感器的原则。

2.23 为什么多数气敏器件都附有加热器？

2.24 什么叫绝对湿度和相对湿度？如何表示绝对湿度和相对湿度？

实训项目 1　电阻应变式传感器

1. 实训目的

① 进一步认识应力、应变和电阻的相对变化的关系。

② 观察了解箔式应变片的结构及粘贴方式。

③ 测试应变梁变形的应变输出。

④ 比较各桥路间的输出关系。

2. 实训原理

本实训说明箔式应变片及直流电桥的原理和工作情况。

应变片是最常用的测力传感元件。当用应变片测试应力时，应变片要牢固地粘贴在测试体表面，测件受力发生形变，应变片的敏感栅随同变形，其电阻值也随之发生相应的变化。通过测量电路，转换成电信号输出显示。

电桥电路如图 2-59 所示，它是最常用的非电量电测电路中的一种，当电桥平衡时，桥路对臂电阻乘积相等，电桥输出为零，在桥臂 4 个电阻 R_1、R_2、R_3、R_4 中，电阻的相对变化率分别为 $\triangle R_1/R_1$、$\triangle R_2/R_2$、$\triangle R_3/R_3$、$\triangle R_4/R_4$，当使用一个应变片时，$\sum R = \dfrac{\Delta R}{R}$；当两个应变片组成差

图 2-59　电桥电路

动状态工作，则有 $\sum R = \dfrac{2\Delta R}{R}$；用 4 个应变片组成两个差动对工作，且 $R_1=R_2=R_3=R_4=R$，

$$\sum R = \frac{4\Delta R}{R}。$$

3. 实训所需部件

直流稳压电源±4V、贴于主机工作台悬臂梁上的箔式应变计、螺旋测微仪、数字电压表等。

4. 实训步骤

① 连接主机与模块电路电源连接线，差动放大器增益置于最大位置（顺时针方向旋到底），差动放大器 "+"、"−" 输入端对地用实训线短路。输出端接电压表 2V 挡。开启主机电源，用调零电位器调整差动放大器输出电压为零，然后拔掉实训线，调零后模块上的"增益、调零"电位器均不应再变动。

② 观察贴于悬臂梁根部的应变片的位置与方向，按如图 2-59 所示将所需实训部件连接成测试桥路，图中 R_1、R_2、R_3 分别为固定标准电阻，R 为应变计（可任选上梁或下梁中的一个工作片），图中每两个工作片之间可理解为一根实训连接线，注意连接方式，勿使直流激励电

源短路。

③ 将螺旋测微仪装于应变悬臂梁前端永久磁钢上，并调节测微仪使悬臂梁基本处于水平位置。确认接线无误后开启主机，并预热数分钟，使电路工作趋于稳定。调节模块上的 W_D 电位器，使桥路输出为零。

④ 用螺旋测微仪带动悬臂梁分别向上和向下位移各 5mm，每位移 1mm 记录一个输出电压值，并记入表 2-2 中。

表 2-2

位移/mm										
电压/V										

根据表中所测数据在坐标图上做出 V-x 曲线，计算灵敏度 S：$S = \Delta V / \Delta x$。

⑤ 依次将图 2-59 中的固定电阻 R_1，换接应变计组成半桥；将固定电阻 R_2、R_3，换接应变计组成全桥。

⑥ 重复实训步骤③和④，完成半桥与全桥测试实训。所得数据分别记入表 2-3 和表 2-4 中。

表 2-3

位移/mm										
电压/V										

表 2-4

位移/mm										
电压/V										

⑦ 在同一坐标上描出 V-x 曲线，比较 3 种桥路的灵敏度，并做出定性的结论。

5. 实训注意事项

① 实训前应检查实训连接线是否完好，学会正确插拔连接线，这是顺利完成实训的基本保证。

② 由于悬臂梁弹性恢复的滞后及应变片本身的机械滞后，所以当螺旋测微仪回到初始位置后桥路电压输出值并不能马上回到零，此时可一次或几次将螺旋测微仪反方向旋动一个较大位移，使电压值回到零后再进行反向采集实训。

③ 实训中实训者用螺旋测微仪产生位移后，应将手离开仪器方能读取测试系统输出电压数，否则虽然没有改变刻度值也会造成微小位移或人体感应使电压信号出现偏差。

④ 因为是小信号测试，所以调零后电压表应置 2V 挡，用计算机数据采集时应选用 200mV量程。

第3章

电容式传感器及应用

电容式传感器是将被测非电量的变化转化为电容变化量的一种传感器。它结构简单、分辨力高、可非接触测量，并能在高温、辐射和强烈震动等恶劣条件下工作，这是它的独特优点。随着集成电路技术和计算机技术的发展，电容式传感器成为一种很有发展前途的传感器。

3.1 电容式传感器工作原理及类型

由绝缘介质分开的两个平行金属板组成的平板电容器，如果不考虑边缘效应，其电容量为

$$C = \frac{\varepsilon A}{d} \tag{3-1}$$

式中，ε——电容极板间介质的介电常数，$\varepsilon = \varepsilon_0 \cdot \varepsilon_r$，其中 ε_0 为真空介电常数，$\varepsilon_0 = 8.854 \times 10^{-12} \mathrm{F/m}$，$\varepsilon_r$ 为极板间介质相对介电常数；

A——两平行板所覆盖的面积；

d——两平行板之间的距离。

当被测参数变化使得式（3-1）中的 A、d 或 ε 发生变化时，电容量 C 也随之变化。如果保持其中两个参数不变，而仅改变其中一个参数，就可把该参数的变化转换为电容量的变化，通过测量电路就可转换为电量输出。因此，电容式传感器工作方式可分为变面积式、变极距式和变介质式三种类型。

3.1.1 变面积式电容传感器

变面积式电容传感器在工作时的极距、介质等保持不变，被测量的变化使其有效作用面积发生改变。变面积式电容传感器的两个极板中，一个是固定不动的，称为定极板，另一个是可移动的，称为动极板。

图 3-1 为几种变面积式电容传感器的原理示意图。在理想情况下，它们的灵敏度为常数，不存在非线性误差，即输入-输出为理想的线性关系。在实际上由于电场的边缘效应等因素的影响，仍存在一定的非线性误差。

（a）平面线位移型　　　　　（b）圆柱线位移型　　　　　（c）角位移型

图 3-1　变面积式电容传感器原理图

图 3-1（a）为平面线位移型电容传感器。设两个相同极板的长为 b，宽为 a，极板间距离为 d，当动极板移动 Δx 后，电容 C_x 也随之改变。

$$C_x = \frac{\varepsilon(a - \Delta x)b}{d} = \frac{\varepsilon ab}{d} - \frac{\varepsilon \Delta x b}{d} = C_0 - \frac{\varepsilon b}{d}\Delta x$$

$$\Delta C = C_x - C_0 = -\frac{\varepsilon b}{d}\Delta x \tag{3-2}$$

电容的相对变化量和灵敏度为

$$\frac{\Delta C}{C_0} = -\frac{\Delta x}{a} \tag{3-3}$$

$$K = \frac{\Delta C}{\Delta x} = -\frac{\varepsilon b}{d} \tag{3-4}$$

图 3-1（b）为圆柱线位移型电容传感器。其灵敏度 K 也为一常数。

图 3-1（c）为角位移型电容传感器。当动极板有一角位移 θ 时，两极板的相对面积 A 也发生改变，导致两极板间的电容量发生变化。

当 $\theta = 0$ 时 $\qquad\qquad\qquad C_0 = \frac{\varepsilon A_0}{d}$

当 $\theta \neq 0$ 时

$$C_\theta = \frac{\varepsilon A_0\left(1 - \dfrac{\theta}{\pi}\right)}{d} = C_0\left(1 - \frac{\theta}{\pi}\right) \tag{3-5}$$

由式（3-5）可知，电容 C_θ 与角位移 θ 成线性关系。其灵敏度为

$$K = \frac{\mathrm{d}C_\theta}{\mathrm{d}\theta} = -\frac{\varepsilon A_0}{\pi d} \tag{3-6}$$

由以上分析可知，变面积式电容传感器的输出是线性的，灵敏度 K 是一常数。

为提高测量精度，常采用差动结构形式，以减少动极板与定极板之间的相对极距可能变化而引起的测量误差。角位移测量用的差动式典型结构如图 3-2 所示。图中 A、B 为同一平（柱）面而形状和尺寸均相同且互相绝缘的定极板。动极板 C 平行于 A、B，并在自身平（柱）面内绕 O 点摆动。从而改变极板间覆盖的有效面积，传感器电容随之改变。C 的初始位置必须保证与 A、B 的初始电容值相同。

（a）扇形平板差动变面积结构　　　　　　（b）柱面板差动变面积结构

图 3-2　变面积差动式电容传感器结构

3.1.2　变极距式电容传感器

如果两极板的有效作用面积及极板间的介质保持不变，则电容量 C 随极距 d 按非线性关系变化，如图 3-3 所示。

（a）结构示意图　　　　　　（b）电容量与极板距离的关系

图 3-3　变极距式电容传感器的结构和特性曲线

1—定极板　2—动极板

设动极板 2 未动时传感器初始电容为 $C_0\left(C_0 = \dfrac{\varepsilon A}{d_0}\right)$。当动极板 2 移动 x 值后，其电容值 C_x 为

$$C_x = \frac{\varepsilon A}{d_0 - x} = \frac{C_0}{1 - \dfrac{x}{d_0}} = C_0\left(1 + \frac{x}{d_0 - x}\right) \tag{3-7}$$

式中 d_0 为两极板距离初始值，由式（3-7）可知，电容量 C_x 与 x 不是线性关系，其灵敏度也不是常数。

当 $x \ll d_0$ 时

$$C_x \approx C_0\left(1 + \frac{x}{d_0}\right) \tag{3-8}$$

此时 C_x 与 x 近似线性关系，但量程缩小很多，变极距式电容传感器的灵敏度为

$$K = \frac{\mathrm{d}C_x}{\mathrm{d}x} \approx \frac{C_0}{d_0} = \frac{\varepsilon A}{d_0^2} \tag{3-9}$$

由式（3-9）可见，变极距式电容传感器的灵敏度与极距的平方成反比，极距越小灵敏度越高。但 d_0 过小，容易引起电容器击穿或短路。为此，极板间可采用高介电常数的材料（云母、塑料膜等）作介质。

这种传感器由于存在原理上的非线性，灵敏度随极距变化而变化，因此当极距变动量较大时，非线性误差会明显增大。为限制非线性误差，通常是在较小的极距变化范围内工作，以使输入-输出特性保持近似的线性关系。一般取极距变化范围 $\Delta x/d_0 \leq 0.1$。实际应用的变极距式传感器常做成差动式，如图 3-4 所示。上下两个极板为定极板，中间极板为动极板，当被测量使动极板移动一个 Δx 时，由动极板与两个定极板所形成的两个平板电容的极距一个减小、一个增大，因此它们的电容量也都发生变化。若 $\Delta x << d_0$，则两个平板电容器的电容变化量大小相等、符号相反。利用后接的转换电路（如电桥等）可以检出两电容的差值，该差值与动极板的移动量 Δx 有一一对应关系。

图 3-4　差动结构变极距电容传感器

采用差动工作方式，电容传感器的灵敏度提高了一倍，非线性得到了很大的改善，某些因素（如环境温度变化、电源电压波动等）对测量精度的影响也得到了一定的补偿。

变极距式电容传感器的优点是可实现动态非接触测量，动态响应特性好，灵敏度和精度极高（可达 nm 级），适应于较小位移（1nm～1μm）的精度测量。但传感器存在原理上的非线性误差，线路杂散电容（如电缆电容、分布电容等）的影响显著，为改善这些问题而需配合使用的电子电路比较复杂。

3.1.3　变介质式电容传感器

变介质式电容传感器的极距、有效作用面积不变，被测量的变化使其极板之间的介质情况发生变化。这类传感器主要用来测量两极板之间的介质的某些参数的变化，如介质厚度、介质湿度、液位等。

如图 3-5（a）所示，图中两平行极板固定不动，极距为 d_0，相对介电常数为 ε_{r2} 的电介质以不同深度插入电容器中，从而改变两种介质的极板覆盖面积。传感器的总电容量 C 为两个电容 C_1 和 C_2 的并联结果，即

$$C = C_1 + C_2 = \frac{\varepsilon_0 b_0}{d_0}[\varepsilon_{r1}(l_0 - l) + \varepsilon_{r2}l] \tag{3-10}$$

式中，l_0、b_0——极板长度和宽度；

l——第 2 种电介质进入极板间的长度。

如图 3-5（b）所示，传感器的极板为两同心圆筒，其液面以下部分介质为被测介质，相对介电常数为 ε_x；液面以上部分的介质为空气，相对介电常数近似为 1。传感器的总电容 C 等于上、下部分电容 C_1 和 C_2 的并联，即

$$C = C_1 + C_2 = \frac{2\pi\varepsilon_0(l-h)}{\ln(D/d)} + \frac{2\pi\varepsilon_x\varepsilon_0 h}{\ln(D/d)} = \frac{2\pi\varepsilon_0 l}{\ln(D/d)} + \frac{2\pi(\varepsilon_x-1)\varepsilon_0}{\ln(D/d)}h = a + bh \tag{3-11}$$

其中

$$a = \frac{2\pi\varepsilon_0 l}{\ln(D/d)}, \quad b = \frac{2\pi(\varepsilon_x - 1)\varepsilon_0}{\ln(D/d)}$$

（a）平面式   （b）圆柱式

图 3-5   变介质式电容传感器

灵敏度

$$K = \frac{\mathrm{d}C}{\mathrm{d}h} = b \qquad\qquad （3\text{-}12）$$

由此可见，这种传感器的灵敏度为常数，电容 C 理论上与液面 h 成线性关系，只要测出传感器电容 C 的大小，就可得到液位 h。

3.2 电容式传感器的转换电路

电容式传感器将被测量的变化转换成电容的变化后，还需由后接的转换电路将电容的变化进一步转换成电压、电流或频率的变化。常用的转换电路主要有以下几种。

1. 交流电桥

这种转换电路是将电容式传感器的两个电容作为交流电桥的两个桥臂，通过电桥把电容的变化转换成电桥输出电压的变化。电桥通常采用由电阻-电容、电感-电容组成的交流电桥，图 3-6 为电感-电容电桥。变压器的两个二次绕组 L_1、L_2 与差动电容传感器的两个电容 C_1、C_2 作为电桥的 4 个桥臂，由高频稳幅的交流电源为电桥供电。电桥的输出为一调幅值，经放大、相敏检波、滤波后，获得与被测量变化相对应的输出，最后为仪表显示记录。

图 3-6   交流电桥转换电路

2. 调频电路

如图 3-7 所示，把传感器接入调频振荡器的 LC 谐振网络中，被测量的变化引起传感器电容的变化，继而导致振荡器谐振频率的变化。频率的变化经过鉴频器转换成电压的变化，经过放大器放大后输出。这种测量电路的灵敏度很高，可测 $0.01\mu m$ 的位移变化量，抗干扰能力强（加入混频器后更强），缺点是电缆电容、温度变化的影响很大，输出电压 u_o 与被测量之间的非线性一般要靠电路加以校正，因此电路比较复杂。

3. 运算放大器式电路

如前所述，变极距式电容传感器的电容与极距之间的关系为反比关系，传感器存在原理上的非线性。利用运算放大器的反相比例运算可以使转换电路的输出电压与极距之间关系变为线性关系，从而使整个测试装置的非线性误差得到很大的减小。图 3-8 为电容传感器的运算放大器式电路。

图 3-7　调频电路　　　　　　　　　图 3-8　运算放大器式电路

图中 e_s 为高频稳幅交流电源；C_0 为标准参比电容，接在运算放大器的输入回路中；C_x 为传感器电容，接在运算放大器的反馈回路中。根据运算放大器的反相比例运算关系，有

$$e_o = -\frac{z_f}{z_0}e_s = -\frac{C_0}{C_x}e_s = -\frac{C_0 e_s}{\varepsilon\varepsilon_0 A}d \qquad (3\text{-}13)$$

式中，z_0——C_0 的交流阻抗，$z_0 = \dfrac{1}{j\omega C_0}$；

　　　　z_f——C 的交流阻抗，$z_f = \dfrac{1}{j\omega C}$，其中 $C = \dfrac{\varepsilon\varepsilon_0 A}{d}$。

由式（3-13）可见，在其他参数稳定不变的情况下，电路输出电压的幅值 e_o 与传感器的极距 d 成线性比例关系。该电路为一幅值电路，高频稳幅交流电源提供载波，极距变化的信号（被测量）为调制信号，输出为调幅波。与其他转换电路相比，运算式电路的原理较为简单，灵敏度和精度最高。但一般需用"驱动电缆"技术来消除电缆电容的影响，电路较为复杂且调整困难。

4. 脉冲宽度调制电路

脉冲宽度调制电路（PWM）是利用传感器的电容充放电使电路输出脉冲的占空比随电容式传感器的电容量变化而变化，然后通过低通滤波器得到对应于被测量变化的直流信号。

图 3-9 为脉冲宽度调制电路。它由电压比较器 A_1、A_2，双稳态触发器及电容充放电回路组成。其中 $R_1 = R_2$，VD_1、VD_2 为特性相同的二极管，C_1、C_2 为一组差动电容传感元件，初始电容值相等，U_R 为比较器 A_1、A_2 的参考比较电压。

图 3-9　脉冲宽度调制电路

在电路初始状态时，设电容 $C_1 = C_2 = C_0$，当接通工作电源后双稳态触发器的 R 端为高电平，S 端为低电平，双稳态触发器的 Q 端输出高电平，$\overline{Q}$ 端输出低电平，此时 U_A 通过 R_1 对 C_1 充电，C 点电压 U_C 升高，当 $U_C > U_R$ 时，电压比较器 A_1 的输出为低电平，即双稳态触发器的 R 端为低电平，此时电压比较器 A_2 的输出为高电平，即 S 端为高电平。双稳态触发器的 Q 端翻转为低电平，U_C 经二极管 VD_1 快速放电，很快由高电平降为低电平，$\overline{Q}$ 端输出为高电平，通过 R_2 对 C_2 充电，当 $U_D > U_R$ 时，电压比较器 A_2 的输出为低电平，即 S 端为低电平，电压比较器 A_1 的输出为高电平，即双稳态触发器的 R 端为高电平，双稳态触发器的 Q 端翻转为高电平，回到初始状态。如此周而复始，就可在双稳态触发器的两输出端各产生一宽度分别受 C_1、C_2 调制的脉冲波形，经低通滤波器后输出。当 $C_1 = C_2$ 时，线路上各点波形如图 3-10（a）所示，A、B 两点间的平均电压为零。但当 C_1、C_2 值不相等时，如 $C_1 > C_2$，则 C_1 的充电时间大于 C_2 的充电时间，即 $t_1 > t_2$，电压波形如图 3-10（b）所示。

$$t_1 = R_1 C_1 \ln \frac{U_H}{U_H - U_R} \tag{3-14}$$

$$t_2 = R_2 C_2 \ln \frac{U_H}{U_H - U_R} \tag{3-15}$$

式中，U_H——触发器输出的高电平值；

　　　t_1——电容 C_1 的充电时间；

　　　t_2——电容 C_2 的充电时间。

设电阻 $R_1 = R_2$，经低通滤波器后，获得的输出电压平均值为

$$U_o = \frac{C_1 - C_2}{C_1 + C_2} U_H \tag{3-16}$$

由式（3-14）、式（3-15）可知，差动电容的变化使充电时间 t_1、t_2 不相等，从而使双稳态触发器输出端的矩形脉冲宽度不等，即占空比不同。

脉冲宽度调制电路具有如下特点：能获得线性输出；双稳态输出信号一般为 100kHz～1MHz 的矩形波，所以直流输出只需经滤波器简单引出，不需要解调器，即能获得直流输出。电路采用稳定度较高的直流电源，这比其他测量线路中要求高稳定度的稳频、稳幅的交流电源易于做到。如果将双稳态触发器 Q 端的电压信号送到计算机的定时、计数引脚，则可以用软件来测出占空比 q，从而计算出 ΔC 的数值。这种直接采用数字处理的方法不受电源电压波动的影响。

5. 二极管双 T 型交流电桥

图 3-11 为二极管双 T 型交流电桥电路原理图。e 是高频电源，它提供幅值为 U_i 的对称方波，

VD$_1$、VD$_2$ 为特性完全相同的 2 个二极管，$R_1 = R_2 = R$，C_1、C_2 为传感器的两个差动电容。

（a）$C_1 = C_2$ 时的波形　　　　　　（b）$C_1 > C_2$ 时的波形

图 3-10　脉冲宽度调制电路的电压波形

电路工作原理如下。

当 e 为正半周时，二极管 VD$_1$ 导通、VD$_2$ 截止，其等效电路如图 3-11（b）所示。电源经 VD$_1$ 对电容 C_1 充电，并很快充至电压 E，且由 E 经 R_1 以电流 I_1 向负载 R_L 供电。与此同时，电容 C_2 通过电阻 R_2、负载电阻 R_L 放电（设 C_2 已充好电），放电电流为 I_2，则流经 R_L 的总电流 I_L 为 I_1 与 I_2 之和，极性如图 3-11（b）所示。

（a）电路原理图

（b）e 为正半周时的等效电路　　　　　（c）e 为负半周时的等效电路

图 3-11　二极管双 T 型交流电桥

当 e 为负半周时，二极管 VD$_1$ 截止、VD$_2$ 导通，其等效电路如图 3-11（c）所示。此时 C_2 被很快充至电压 E，并经 R_2 以电流 I_2' 向负载 R_L 供电，电容 C_1 通过电阻 R_1 和负载电阻 R_L 以电流 I_1' 放电，流经 R_L 的总电流 I_L' 为 I_1' 与 I_2' 之和，极性如图 3-11（c）所示。

由于 VD$_1$ 与 VD$_2$ 特性相同，且 $R_1 = R_2$，所以当 $C_1 = C_2$ 时，在 e 的一个周期内流过 R_L 的电

流 I_L 和 I'_L 的平均值为零，即 R_L 上无信号输出。而当 $C_1 \neq C_2$ 时，在 R_L 上流过的电流的平均值不为零，有电压信号输出。

3.3 电容式传感器的应用

电容式传感器不但应用于位移、振动、角度、加速度及荷重等机械量的精密测量，还广泛应用于压力、差压、液位、料位、湿度、成分等参数的测量。

1. 电容式接近开关

图 3-12（a）为电容式接近开关实物图。图 3-12（b）为电容式接近开关的结构示意图，检测极板设置在接近开关的最前端，测量转换电路安装在接近开关壳体内，用介质损耗很小的环氧树脂填充、灌封。当没有物体靠近检测极时，检测板与大地间的电容量 C 非常小，它与电感 L 构成高品质因数（Q）的 LC 振荡电路，$Q = 1/(\omega CR)$。当被检测物体为地电位的导电体（如与大地有很大分布电容的人体、液体等）时，检测极板对地电容 C 增大，LC 振荡电路的 Q 值将下降，导致振荡器停振。

（a）实物图　　　　　　　（b）圆柱形电容式接近开关的结构示意图

图 3-12　电容式接近开关

1—检测极板　2—充填树脂　3—测量转换电路　4—塑料外壳
5—灵敏度调节电位器　6—工作指示灯　7—信号电缆

当不接地、绝缘被测物体接近检测极板时，由于检测极板上施加有高频电压，在它附近产生交变电场，被检测物体就会受到静电感应，而产生极化现象，正负电荷分离，使检测极板的对地等效电容量增大，使 LC 振荡电路的 Q 值降低。对能量损耗较大的介质（如各种含水有机物），它在高频交变极化过程中是需要消耗一定能量的，该能量是由 LC 振荡电路提供的，必然使 Q 值进一步降低，振荡减弱，振荡幅度减小。当被测物体靠近到一定距离时，振荡器的 Q 值低到无法维持振荡而停振。根据输出电压 U_o 的大小，可大致判定被测物接近的程度。

2. 电容式位移传感器

图 3-13 所示为一种变面积型电容式位移传感器。它采用差动式结构、圆柱形电极，与测杆

相连的活动电极随被测位移而轴向移动，从而改变活动电极与两个固定电极之间的覆盖面积，使电容发生变化。它用于接触式测量，电容与位移呈线性关系。

3. 电容式油量表

图 3-14 为电容式油量表的示意图，可以用于测量油箱中的油位。在油箱无油时，电容传感器的电容量 $C_x = C_{x0}$，调节 R_P 的滑动臂位于 0 点，即 R_P 的电阻值为 0，此时，电桥满足 $C_0/C_x = R_1/R_2$ 的平衡条件，电桥输出电压为零，伺服电动机不转动，油量表指针偏转角 $\theta = 0$。

图 3-13　电容式位移传感器
1—测杆　2—开槽簧片
3—固定电极　4—活动电极

图 3-14　电容式油量表示意图
1—油料　2—电容器　3—伺服电动机　4—减速器　5—指示表盘

当油箱中注入油时，液位上升至 h 处，电容的变化量 ΔC_x 与 h 成正比，电容为 $C_x = C_{x0} + \Delta C_x$。此时，电桥失去平衡，电桥的输出电压 U_o 经放大后驱动伺服电动机，由减速器减速后带动指针顺时针偏转，同时带动 R_P 滑动，使 R_P 的阻值增大，当 R_P 阻值达到一定值时，电桥又达到新的平衡状态，$u_o = 0$，伺服电动机停转，指针停留在转角 θ_{x1} 处。可从油量刻度盘上直接读出油位的高度 h。

当油箱中的油位降低时，伺服电动机反转，指针逆时针偏转，同时带动 R_P 滑动，使其阻值减少。当 R_P 阻值达到一定值时，电桥又达到新的平衡状态，$u_0 = 0$，于是伺服电动机再次停转，指针停留在转角 θ_{x2} 处。如此，可判定油箱的油量。

4. 电容式差压传感器

图 3-15 为电容式差压传感器结构示意图。当被测压力通过过滤器 6 进入空腔 5 时，金属弹性膜片 1 在两侧压力差作用下，将凸向压力低的一侧。膜片和两个镀金玻璃圆片 2 之间的电容量发生变化，由此可测得压力差。这种传感器分辨率很高，常用于气、液的压力或压差及液位和流量的测量。

5. 电容测厚仪

如图 3-16 所示，被测金属带材与其两侧电容极板构成两个电容 C_1 和 C_2，把两电容极板连接起来，它们和带材间的电容为 $C_x = C_1 + C_2 = 2C_0$。当带材厚度发生变化时，将会导致两个电

容器 C_1、C_2 的极距发生变化，从而使电容值也随之变化。把变化的电容送到转换电路，最后由仪表指示出金属带材变化的厚度。

 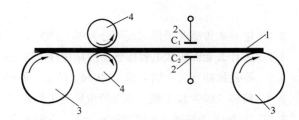

图 3-15　电容式差压传感器　　　　　　图 3-16　电容测厚仪结构示意图

1—弹性膜片　2—凹玻璃圆片　3—金属涂层　　1—金属带材　2—电容极板　3—传动轮　4—轧辊

4—输出端子　5—空腔　6—过滤器　7—壳体

6. 电容式荷重传感器

电容式荷重传感器是利用弹性敏感元件的变形，造成电容随外加重量的变化而变化。图 3-17 为一种电容式荷重传感器结构示意图。这种传感器的主要优点是测量误差小，受接触面的影响小，测量电路置于孔内，因而无感应现象，工作可靠，温度漂移可补偿到很小的程度。

图 3-17　电容式荷重传感器

结构原理：在一块弹性极限高的镍铬钼钢料的同一高度上打上一排圆孔，在孔的内壁用特殊的粘接剂固定两个截面为 T 形的绝缘体，并保持其平行又留有一定间隙，在 T 形绝缘体平面粘贴铜箔，从而形成一排平行的平板电容。当钢块上端面承受重量时，将使圆孔变形，每个孔中的电容极板的间隙随之变小，其电容相应地增大。由于在电路上各电容是并联的，因而输出所反映的结果是平均作用力的变化。

 本章小结

电容式传感器是把被测量转换为电容量变化的一种传感器，其工作原理可用平板电容器表达式说明。根据这个原理，可将电容式传感器分为变间隙式、变面积式和变介质式三种。

当忽略边缘效应时，变面积式和变介质式电容传感器具有线性的输出特性，变间隙式电容传感器的输出特性是非线性的，为此可采用差动结构以减小非线性。

电容式传感器的输出电容值非常小，所以需要借助测量电路将其转换为相应的电压、电流或频率等信号。常用的测量电路有运算放大器式电路、电桥电路、调频电路以及脉冲宽度调制电路等。

电子技术的发展解决了电容式传感器存在的一些技术问题，从而为其应用开辟了广阔的前景。它不但广泛地用于精确测量位移、厚度、角度、振动等机械量，还可进行力、压力、差压、流量、成分、液位等参数的测量。

思考与练习

3.1 电容式传感器工作方式可分为哪三种类型？每种类型的工作原理和特点是什么？

3.2 为什么变面积式电容传感器测量位移范围大？

3.3 简述脉冲宽度调制电路（PWM）的工作原理。

3.4 简述二极管双 T 型交流电桥电路的工作原理。

3.5 图 3-18 为湿敏电容器结构示意图，它的两个上电极是梳状金属电极，下电极是一网状多孔金属电极，上、下电极间是亲水性高分子介质膜。请简述这种电容传感器测量环境相对湿度的原理，并判断它属于哪种类型工作方式。

图 3-18 湿敏电容器结构示意图

3.6 加速度传感器安装在轿车上，可以作为碰撞传感器。当测得的负加速度值超过设定值时，微处理器据此判断发生了碰撞，于是就启动轿车前部的折叠式安全气囊，使其迅速充气而膨胀，托住驾驶员及前排乘员的胸部和头部。图 3-19 所示是硅微加工加速度传感器结构示意图。请简述这种加速度电容传感器的工作原理。

（a）微处理器　　（b）差动电容器结构外形

（c）差动电容器截面图

图 3-19 硅微加工加速度传感器结构示意图

1—加速度测试单元　2—信号处理电路　3—衬底　4—底层多晶硅（下电极）

5—多晶硅悬臂梁　6—顶层多晶硅（上电极）

3.7 图 3-20 为电容式接近开关在料位测量控制中的实例，请简述这种电容传感器的工作过程。

3.8 图 3-21 为电容式液位传感器。图 3-21（a）是用于被测介质是非导电物质时的电容式传感器，图 3-21（b）适用于测量导电液体的液位。

图 3-20　料位测量控制实例　　　　　图 3-21　电容式液位传感器

（1）该传感器属于电容传感器的哪种工作类型？
（2）请简述该传感器测量液位的工作原理。

实训项目 2　电容式传感器

1. 实训目的

① 验证差动平行变面积式电容传感器的工作原理。
② 掌握差动平行变面积式电容传感器的位移实训技术。
③ 观察和了解差动平行变面积式电容传感器的动态实训。

2. 实训原理

将差动平行变面积式电容传感器的两组电容片 C_{x1} 与 C_{x2} 作为双 T 型电桥的两臂，当两片电容之间发生位移时，则电容量 C_{x1} 与 C_{x2} 发生变化，桥路输出电压也发生变化，于是桥路输出电压的大小可以表示位移的大小。

3. 实训所需部件

电容式传感器、电容式传感器实训模块、激振器、测微仪。

4. 实训步骤

① 观察电容式传感器结构：传感器由一组动片和两组定片组成，连接主机与实训模块的电源线及传感器接口，按如图 3-22 所示接好实训线路，增益不宜太大。

② 打开主机电源，用测微仪带动传感器动片移至两组定片中间，此时模块电路输出为零。

③ 向上和向下移动动片，每次 0.5mm，直至动片、静片完全重合为止，记录数据，作出 V-x 曲线，求出灵敏度。

图 3-22　差动电容实验图

表 3-1

x/mm										
V/V										

④ 移开测微仪，在平台上用加减砝码的方法带动电容动片移动，比较两种实训方法的结果，并分析原因。

⑤ 开启"激振 I"开关，振动台带动动片在定片中振动，用示波器观察输出波形。

5. 注意事项

① 电容动片与定片之间距离须相等，必要时可作调整，实训时电容不能发生擦片，否则信号会发生突变。

② 电容动片是由悬臂梁带动的，由于钢梁弹性恢复的滞后，实训时虽然测微仪刻度回到初始位置，但实训模块输出电压并不一定回到零位，此时可反复几次反方向旋动测微仪，使输出电压过零后再回到初始位置，开始反方向的实训。

第4章

电感式传感器及应用

利用电磁感应原理将被测非电量如位移、压力、流量、振动等转换成线圈自感量 L 或互感量 M 的变化，再由测量电路转换为电压或电流的变化量输出，这种装置称为电感式传感器。电感式传感器具有结构简单，工作可靠，测量精度高，零点稳定，输出功率较大等一系列优点，其主要缺点是灵敏度、线性度和测量范围相互制约，传感器自身频率响应低，不适用于快速动态测量。这种传感器能实现信息的远距离传输、记录、显示和控制，在工业自动控制系统中被广泛采用。

电感式传感器种类很多，本章主要介绍自感式、互感式和电涡流式 3 种传感器。

4.1 自感式传感器

自感式传感器是利用自感量随气隙变化而改变的原理制成的，主要用来测量位移。自感式传感器主要有闭磁路变气隙式和开磁路螺线管式，它们又都可以分为单线圈式与差动式两种结构形式。

4.1.1 自感式传感器的结构和工作原理

如图 4-1 所示，由电工知识可知，线圈的自感量等于线圈中通入单位电流所产生的磁链数，即线圈的自感系数 $L = \psi / I = N\Phi / I$ 。$\psi = N\Phi$ 为磁链，Φ 为磁通（Wb），I 为流过线圈的电流（A），N 为线圈匝数。根据磁路欧姆定律：$\Phi = \mu NIS / l$ ，μ 为磁导率，S 为磁路截面积，l 为磁路总长度。令 $R_\mathrm{m} = l / \mu S$ 为磁路的磁阻，可得线圈的电感量为

$$L = \frac{N\Phi}{I} = \frac{\mu N^2 S}{l} = \frac{N^2}{R_\mathrm{m}} \tag{4-1}$$

如把铁芯和衔铁的磁阻忽略不计，则式（4-1）可改写为

$$L = N^2 / R_\mathrm{m} \approx \frac{N^2 \mu_0 S_0}{2\delta_0} \tag{4-2}$$

式中，S_0 —— 气隙的等效截面积；

δ_0 —— 空气隙的厚度；

μ_0 —— 空气的磁导率。

只要被测非电量能够引起空气隙厚度 δ_0 或等效截面积 S_0 发生变化，线圈的电感量就会随之变化。因此，电感式传感器从原理上可分为变气隙厚度式和变气隙截面式两种类型，前者常用于测量直线位移，后者常用于测量角位移。自感式电感传感器常见的形式如图 4-2 所示。使用最广泛的是变气隙厚度 δ_0 式电感传感器。

图 4-1　变磁阻式传感器

（a）变气隙式　　　　（b）变截面式　　　　（c）螺线管式

图 4-2　自感式电感传感器常见结构形式

1—线圈　2—铁芯　3—衔铁　4—测杆　5—导轨　6—工件　7—转轴

1. 闭磁路变气隙式自感传感器

闭磁路变气隙式自感传感器的结构原理如图 4-3 所示，图 4-3（a）为单边式，图 4-3（b）为差动式。它们由铁芯、线圈、衔铁、测杆及弹簧等组成。由式（4-2）可知，变气隙厚度式传感器的线性度差、示值范围窄、自由行程小，但在小位移下灵敏度很高，常用于小位移的测量。同样由式（4-2）可知，变截面式传感器具有良好的线性度、自由行程大、示值范围宽，但灵敏度较低，通常用来测量比较大的位移。

为了扩大示值范围和减小非线性误差，可采用差动结构。将两个线圈接在电桥的相邻臂，构成差动电桥，不仅可使灵敏度提高一倍，而且使非线性误差大为减小。如当 $\Delta x / l_0 = 10\%$ 时，单边式非线性误差小于 10%，而差动式非线性误差小于 1%。

2. 开磁路螺线管式自感传感器

开磁路螺线管式自感传感器常采用差动式。如图 4-4 所示，它是在螺线管中插入圆柱形铁芯而构成的。其磁路是开放的，气隙磁路占很长的部分。有限长螺线管内部磁场沿轴线非均匀分布，中间强，两端弱。插入铁芯的长度不宜过短也不宜过长，一般以铁芯与线圈长度比为 0.5、半径比趋于 1 为宜。铁磁材料的选取决定于供桥电源的频率，500Hz 以下多用硅钢片，500Hz

以上多用薄膜合金，更高频率则选用铁氧体。从线性度考虑，匝数和铁芯长度有一最佳数值，应通过实验选定。

（a）单边式　　　　　　　　（b）差动式

图 4-3　变气隙式自感传感器的结构原理图

1—线圈　2—铁芯　3—衔铁

从结构图可以看出，差动式电感传感器对外界影响，如温度的变化、电源频率的变化等基本上可以互相抵消，衔铁承受的电磁吸力也较小，从而减小了测量误差。从输出特性曲线（如图 4-5 所示）可以看出，差动式电感传感器的线性较好，且输出曲线较陡，灵敏度约为非差动式电感传感器的两倍。

图 4-4　螺线管式自感传感器的结构原理

1—线圈　2—衔铁　3—测杆　4—工件

图 4-5　差动式电感传感器输出特性

1、2—L_1、L_2 的特性　3—差动特性

4.1.2　自感式传感器的测量电路

自感式传感器的测量电路用来将电感量的变化转换成相应的电压或电流信号，以便供放大器进行放大，然后用测量仪表显示或记录。

自感式传感器的测量电路有交流分压式、交流电桥式和谐振式等多种，常用的差动式传感器大多采用交流电桥式。交流电桥的种类很多，差动形式工作时其电桥电路常采用双臂工作方式。两个差动线圈 Z_1 和 Z_2 分别作为电桥的两个桥臂，另外两个平衡臂可以是电阻或电抗，或者是带中心抽头的变压器的两个二次绕组或紧耦合线圈等形式。

1.　变压器交流电桥

采用变压器副绕组作平衡臂的交流电桥如图 4-6 所示。因为电桥有两臂为传感器的差动线

圈的阻抗，所以该电路又称为差动交流电桥。

设 0 点为电位参考点，根据电路的基本分析方法，可得到电桥输出电压 $\dot{U}_{\mathrm{o}}$ 为

图 4-6　变压器交流电桥电路图

$$\dot{U}_{\mathrm{o}} = \dot{U}_{AB} = \dot{V}_A - \dot{V}_B = \left(\frac{Z_1}{Z_1 + Z_2} - \frac{1}{2} \right) \dot{U}_2 \qquad (4\text{-}3)$$

当传感器的活动铁芯处于初始平衡位置时，两线圈的电感相等，阻抗也相等，即 $Z_{10} = Z_{20} = Z_0$，其中 Z_0 表示活动铁芯处于初始平衡位置时每一个线圈的阻抗。由式（4-3）可知，这时电桥输出电压 $\dot{U}_{\mathrm{o}} = 0$，电桥处于平衡状态。

当铁芯向一边移动时，则一个线圈的阻抗增加，即 $Z_1 = Z_0 + \Delta Z$，而另一个线圈的阻抗减小，即 $Z_2 = Z_0 - \Delta Z$，代入式（4-3）得

$$\dot{U}_{\mathrm{o}} = \left(\frac{Z_0 + \Delta Z}{2Z_0} - \frac{1}{2} \right) \dot{U}_2 = \frac{\Delta Z}{2Z_0} \dot{U}_2 \qquad (4\text{-}4)$$

当传感器线圈为高 Q 值时，则线圈的电阻远小于其感抗。即 $R \ll \omega L$，则根据式（4-4）可得到输出电压 $\dot{U}_{\mathrm{o}}$ 的值为

$$\dot{U}_{\mathrm{o}} = \frac{\Delta L}{2L_0} \dot{U}_2 \qquad (4\text{-}5)$$

同理，当活动铁芯向另一边（反方向）移动时，则有

$$\dot{U}_{\mathrm{o}} = -\frac{\Delta L}{2L_0} \dot{U}_2 \qquad (4\text{-}6)$$

综合式（4-5）和式（4-6）可得知电桥输出电压 $\dot{U}_{\mathrm{o}}$ 为

$$\dot{U}_{\mathrm{o}} = \pm \frac{\Delta L}{2L_0} \dot{U}_2 \qquad (4\text{-}7)$$

上式表明，差动式自感传感器采用变压器交流电桥为测量电路时，电桥输出电压既能反映被测体位移量的大小，又能反映位移量的方向，且输出电压与电感变化量呈线性关系。

2．带相敏整流的交流电桥

上述变压器交流电桥中，由于采用交流电源（$u_2 = U_{2m} \sin \omega t$），则不论活动铁芯向线圈的哪个方向移动，电桥输出电压总是交流的，即无法判别位移的方向。为此，常采用带相敏整流的交流电桥，如图 4-7 所示。图中电桥的两个臂 Z_1、Z_2 分别为差动式传感器中的电感线圈，另两个臂为平衡阻抗 Z_3、Z_4（$Z_3 = Z_4 = Z_0$），VD_1、VD_2、VD_3、VD_4 4 只二极管组成相敏整流器，输入交流电压加在 A、B 两点之间，输出直流电压 U_{o} 由 C、D 两点输出，测量仪表可以为零刻度居中的直流电压表或数字电压表。下面分析其工作原理。

（1）初始平衡位置时

当差动式传感器的活动铁芯处于中间位置时，传感器两个差动线圈的阻抗 $Z_1 = Z_2 = Z_0$，其等效电路如图 4-8 所示。由图可知，无论在交流电源的正半周［图 4-8（a）］还是负半周［图 4-8（b）］，

电桥均处于平衡状态，桥路没有电压输出，即

$$U_o = V_D - V_C = \frac{Z_0}{Z_0 + Z_0}U_i - \frac{Z_0}{Z_0 + Z_0}U_i = 0 \tag{4-8}$$

图 4-7 带相敏整流的交流电桥电路

（a）交流电正半周等效电路 （b）交流电负半周等效电路

图 4-8 铁芯处于初始平衡位置时的等效电路

（2）活动铁芯向一边移动时

当活动铁芯向线圈的一个方向移动时，传感器两个差动线圈的阻抗发生变化，等效电路如图 4-9 所示。

在交流电流的正半周，Z_1、Z_2 的值分别为

$$Z_1 = Z_0 + \Delta Z$$
$$Z_2 = Z_0 - \Delta Z$$

由图 4-9（a）可知，输出电压为

$$U_o = V_D - V_C = \frac{\Delta Z}{2Z_0}\frac{1}{1 - \left(\frac{\Delta Z}{2Z_0}\right)^2}U_i \tag{4-9}$$

（a）交流电正半周等效电路 （b）交流电负半周等效电路

图 4-9 铁芯向线圈一个方向移动时的等效电路

当 $(\Delta Z / Z_0)^2 \ll 1$ 时，式（4-9）可近似地表示为

$$U_o \approx \frac{\Delta Z}{2Z_0}U_i \tag{4-10}$$

同理，在 U_i 的负半周，由图 4-9（b）可知

$$U_o = V_D - V_C = \frac{\Delta Z}{2Z_0}\frac{1}{1 - \left(\frac{\Delta Z}{2Z_0}\right)^2}|U_i| \approx \frac{\Delta Z}{2Z_0}|U_i| \tag{4-11}$$

由此可知，只要活动铁芯向一方向移动，无论在交流电源的正半周还是负半周，电桥输出电压 U_o 均为正值。

（3）活动铁芯向相反方向移动时

当活动铁芯向线圈的另一个方向移动时，用上述分析方法同样可以证明，无论在 U_i 的正半周还是负半周，电桥输出电压 U_o 均为负值，即

$$U_o = -\frac{\Delta Z}{2Z_0}|U_i| \tag{4-12}$$

综上所述可知，采用带相敏整流的交流电桥，其输出电压既能反映位移量的大小，又能反映位移的方向，所以应用较为广泛。图 4-10 为相敏整流交流电桥输出特性。

（a）非相敏整流　　　　　（b）相敏整流

图 4-10　相敏整流交流电桥输出特性曲线

1—理想特性曲线　2—实际特性曲线

4.1.3　自感式传感器的应用

自感式传感器的应用很广泛，它不仅可直接用于测量位移，还可以用于测量振动、应变、厚度、压力、流量、液位等非电量。下面介绍几个应用实例。

1.　自感式测厚仪

图 4-11 为自感式测厚仪，它采用差动结构，其测量电路为带相敏整流的交流电桥。当被测物体的厚度发生变化时，引起测杆上下移动，带动可动铁芯产生位移，从而改变了气隙的厚度，使线圈的电感量发生相应的变化。此电

图 4-11　自感式测厚仪原理图

1—可动铁芯　2—测杆　3—被测物体

感变化量经过带相敏整流的交流电桥测量后，送测量仪表显示，其大小与被测物的厚度成正比。

2.　位移测量

图 4-12（a）为轴向式测试头的结构示意图；图 4-12（b）为电感测微仪的原理框图。测量时测头的测端与被测件接触，被测件的微小位移使衔铁在差动线圈中移动，线圈的电感值将产生变化，这一变化量通过引线接到交流电桥，电桥的输出电压就反映被测件的位移变化量。

（a）轴向式测试头　　　　　（b）电感测微仪的原理框图

图 4-12　电感测微仪结构及其测量电路框图

1—引线　2—线圈　3—衔铁　4—测力弹簧　5—导杆　6—密封罩　7—测头

3. 电感压力传感器

图 4-13 所示为变气隙式差动电感压力传感器。它主要由 C 形弹簧管、衔铁、铁芯和线圈等组成。

当被测压力进入 C 形弹簧管时，C 形弹簧管产生变形，其自由端发生位移，带动与自由端连接成一体的衔铁运动，使线圈 1 和线圈 2 中的电感发生大小相等、符号相反的变化，即一个电感量增大，另一个电感量减小。电感的这种变化通过电桥电路转换成电压输出。由于输出电压与被测压力之间成比例关系，所以只要用检测仪表测量出输出电压，即可得知被测压力的大小。

图 4-13　变气隙式差动电感压力传感器

4.2 差动变压器式传感器

把被测的非电量变化转换为线圈互感变化的传感器称为互感式传感器。因这种传感器是根据变压器的基本原理制成的，并且其二次绕组都用差动形式连接，所以又叫差动变压器式传感器，简称差动变压器。它的结构形式较多，有变气隙式、变面积式和螺线管式等，但其工作原理基本一样。在非电量测量中，应用最多的是螺线管式的差动变压器，它可以测量 1～100mm 范围内的机械位移，并具有测量精度高、灵敏度高、结构简单、性能可靠等优点。

4.2.1　差动变压器式传感器的工作原理

如图 4-14 所示为螺线管式差动变压器结构示意图。由图可知，它主要由绕组、活动衔铁和导磁外壳等组成。绕组包括一、二次绕组和骨架等部分。图 4-15 为理想的螺线管式差动变压器的原理图。将两匝数相等的二次绕组的同名端反向串联，并且忽略铁损、导磁体磁阻和绕组分布电容的理想条件下，当一次绕组 N_1 加以励磁电压 $\dot{U}_i$ 时，则在两个二次绕组 N_{21} 和 N_{22} 中就会产生感应电动势 $\dot{E}_{21}$ 和 $\dot{E}_{22}$（二次开路时即为 $\dot{U}_{21}$、$\dot{U}_{22}$）。若工艺上保证变压器结构完全对称，则当活动衔铁处于初始平衡位置时，必然会使两二次绕组磁回路的磁阻相等，磁通相同，互感系数 $M_1 = M_2$。根据电磁感应原理，将有 $\dot{E}_{21} = \dot{E}_{22}$，由于两二次绕组反向串联，因而 $\dot{U}_o = \dot{E}_{21} - \dot{E}_{22} = 0$，即差动变压器输出电压为零，即

$$\dot{E}_{21} = -j\omega M_1 \dot{I}_1 \qquad \dot{E}_{22} = -j\omega M_2 \dot{I}_1 \qquad （4-13）$$

式中，ω —— 激励电源角频率，Rad/s；

M_1、M_2——一次绕组 N_1 与二次绕组 N_{21}、N_{22} 间的互感量，H；

$\dot{I}_1$——一次绕组的激励电流，A。

$$\dot{U}_o = \dot{E}_{21} - \dot{E}_{22} = -j\omega(M_1 - M_2)\dot{I}_1 = j\omega(M_2 - M_1)\dot{I}_1 = 0 \qquad (4\text{-}14)$$

图 4-14　螺线管式差动变压器结构示意图

图 4-15　螺线管式差动变压器原理图

1—一次绕组　2—二次绕组　3—衔铁　4—测杆

当活动衔铁向二次绕组 N_{21} 方向（向上）移动时，由于磁阻的影响，N_{21} 中的磁通将大于 N_{22} 中的磁通，即可得 $M_1 = M_0 + \Delta M$，$M_2 = M_0 - \Delta M$，从而使 $M_1 > M_2$，因而必然会使 $\dot{E}_{21}$ 增加，$\dot{E}_{22}$ 减小。$\dot{U}_o = \dot{E}_{21} - \dot{E}_{22} = -2j\omega\Delta M\dot{I}_1$。综上分析可得

$$\dot{U}_o = \dot{E}_{21} - \dot{E}_{22} = \pm 2j\omega\Delta M\dot{I}_1 \qquad (4\text{-}15)$$

式中的正负号表示输出电压与励磁电压同相或者反相。

由于在一定的范围内，互感的变化 ΔM 与位移 x 成正比，所以输出电压的变化与位移的变化成正比。实际上，当衔铁位于中心位置时，差动变压器的输出电压并不等于零，通常把差动变压器在零位移时的输出电压称为零点残余电压，如图 4-16 所示 Δe。它的存在使传感器的输出特性曲线不过零点，造成实际特性与理论特性不完全一致，如图 4-16 所示。

图 4-16　零点残余电压

零点残余电压使得传感器在零点附近的输出特性不灵敏，为测量带来误差。为了减小零点残余电压，可采用以下方法。

① 尽可能保证传感器尺寸、线圈电气参数和磁路对称。

② 选用合适的测量电路。

③ 采用补偿线路减小零点残余电压。

4.2.2　差动变压器式传感器的测量电路

差动变压器输出的是交流电压，若用交流电压表测量，只能反映衔铁位移的大小，而不能反映移动方向。另外，其测量值中将包含零点残余电压。为了达到能辨别移动方向及消除零点残余电压目的，实际测量时，常常采用差动整流电路和相敏检波电路。

1. 差动整流电路

图 4-17 给出了几种典型电路形式。图中（a）、（c）适用于高负载阻抗，（b）、（d）适用于低负载阻抗，电阻 R_0 用于调整零点残余电压。

这种电路是把差动变压器的两个次级输出电压分别整流，然后将整流的电压或电流的差值作为输出，这样二次电压的相位和零点残余电压都不必考虑。

差动整流电路同样具有相敏检波作用，图中的两组（或两个）整流二极管分别将二次线圈中的交流电压转换为直流电，然后相加。由于这种测量电路结构简单，不需要考虑相位调整和零点残余电压的影响，且具有分布电容小和便于远距离传输等优点，因而获得广泛的应用。但是，二极管的非线性影响比较严重，而且二极管的正向饱和压降和反向漏电流对性能也会产生不利影响，只能在要求不高的场合下使用。

一般经相敏检波和差动整流后的输出信号还必须经过低通滤波器，把调制的高频信号衰减掉，只允许衔铁运动产生的有用信号通过。

图 4-17　差动整流电路

2. 差动相敏检波电路

差动相敏检波电路的种类很多，但基本原理大致相同。下面以二极管环形（全波）差动相敏检波电路为例说明其工作原理。

（1）电路组成

如图 4-18 所示，4 个特性相同的二极管以同一方向串接成一个闭合回路，组成环形电桥。差动变压器输出的调幅波 u_2 通过变压器 T_1 加入环形电桥的一个对角线，解调信号 u_0 通过变压器 T_2 加入环形电桥的另一个对角线，输出信号 u_L 从变压器 T_1 与 T_2 的中心抽头之间引出。平衡电阻 R 起限流作用，避免二极管导通时电流过大。R_L 为检波电路的负载。解调信号 u_0 的幅值要远大于 u_2，以便有效控制 4 个二极管的导通状态。u_0 与 u_1 由同一振荡器供电，以保证两者同频、同相（或反相）。

（2）工作原理

u_o 处于正半周时，VD_2、VD_3 导通，VD_1、VD_4 截止，形成两条电流通路，等效电路如图 4-19 所示。

图 4-18 差动相敏检波电路   图 4-19 u_o 处于正半周的等效电路

电流通路 1 为

$$u_{o1}^+ \to C \to VD_2 \to B \to u_{22}^- \to u_{22}^+ \to R_L \to u_{o1}^-$$

电流通路 2 为

$$u_{o2}^+ \to R_L \to u_{22}^+ \to u_{22}^- \to B \to VD_3 \to D \to u_{o2}^-$$

当 u_2 与 u_o 同处于负半周时，VD_1、VD_4 导通，VD_2、VD_3 截止，同样有两条电流通路，等效电路如图 4-20 所示。

电流通路 1 为

$$u_{o1}^+ \to R_L \to u_{21}^+ \to u_{21}^- \to A \to R \to VD_1 \to C \to u_{o1}^-$$

电流通路 2 为

$$u_{o2}^+ \to D \to R \to VD_4 \to A \to u_{21}^- \to u_{21}^+ \to R_L \to u_{o2}^-$$

传感器衔铁上移

$$u_L = \frac{R_L u_2}{n_1(R + 2R_L)} \tag{4-16}$$

传感器衔铁下移

$$u_L = -\frac{R_L u_2}{n_1(R + 2R_L)} \tag{4-17}$$

式中，n_1——变压器 T_1 的变比。

（3）波形图

根据以上分析可画出输入输出电压波形，如图 4-21 所示。由于输出电压 u_L 是经二极管检波之后得到的，因此式（4-16）中的 u_2 为图 4-21（c）中的正包络线，而式（4-17）中的 u_2 为图 4-21（c）中的负包络线，它们共同形成的波形如图 4-21（e）所示。由图可知，图（a）、图（e）变化规律完全相同。因此电压 u_L 的变化规律充分反映了被测位移量的变化规律，即 u_L 的幅值反映了被测位移量 Δx 的大小，u_L 的极性反映了被测位移量 Δx 的方向。

图 4-20　u_o 处于负半周的等效电路

图 4-21　相敏检波电路波形图

4.2.3　差动变压器式传感器的应用

差动变压器不仅可以直接用于位移测量，而且还可以测量与位移有关的任何机械量，如振动、加速度、应变、压力、张力和厚度等。

1. 振动和加速度的测量

图 4-22 为测量振动与加速度的电感传感器结构图。衔铁受振动和加速度的作用，使弹簧受力变形，与弹簧连接的衔铁的位移大小反映了振动的幅度和频率以及加速度的大小。

图 4-22　振动传感器及其测量电路

1—弹性支撑　2—差动变压器

2. 压力测量

微压力传感器由差动变压器、弹性敏感元件（膜盒）等组成，如图 4-23 所示。当被测压力为零时，膜盒在初始位置状态，固接在膜盒中心的衔铁位于差动变压器线圈的中间位置，此时电路输出电压为零。当被测压力由接头 1 传入膜盒 2 时，膜盒自由端产生一正比于被测压力的位移，带动衔铁 6 在差动变压器线圈 5 中移动，此时差动变压器有交流输出电压，经相敏检波、滤波后，输出直流电压，其数值大小与被测压力有一定函数关系，如图 4-24 所示。该压力传感器输出电压比较大，线路中不需用放大器。

图 4-23　微压力传感器结构图　　　　　图 4-24　微压力传感器测量电路框图
1—接头　2—膜盒　3—底座　4—线路板
5—差动变压器　6—衔铁　7—罩壳

4.3
电涡流式传感器

根据法拉第电磁感应原理，块状金属导体置于变化的磁场中或在磁场中作切割磁力线运动时，导体内将产生呈涡旋状的感应电流，此电流叫电涡流，这种现象称为电涡流效应。

根据电涡流效应制成的传感器称为电涡流式传感器。按照电涡流在导体内的贯穿情况，此传感器可分为高频反射式和低频透射式两类，但从基本工作原理上来说仍是相似的。电涡流式传感器最大的特点是能对位移、厚度、表面温度、速度、应力、材料损伤等进行非接触式连续测量，另外还具有体积小、灵敏度高、频率响应宽等特点，应用极其广泛。

4.3.1　电涡流式传感器的工作原理

图 4-25 为电涡流式传感器的原理图，该图由传感器线圈和被测导体组成线圈—导体系统。根据法拉第定律，当传感器线圈通以正弦交变电流 $\dot{I}_1$ 时，线圈周围空间必然产生正弦交变磁场 $\dot{H}_1$，使置于此磁场中的金属导体中感应电涡流 $\dot{I}_2$，$\dot{I}_2$ 又产生新的交变磁场 $\dot{H}_2$。根据楞次定律，$\dot{H}_2$ 的作用将反抗原磁场 $\dot{H}_1$，导致传感器线圈的等效阻抗发生变化。由上可知，线圈阻抗的变化完全取决于被测金属导体的电涡流效应。而电涡流效应既与被测体的电阻率 ρ、磁导率 μ 以及几何形状有关，又与线圈几何参数、线圈中激磁电流频率 ω 有关，还与线圈与导体间的距

离 x 有关。因此，传感器线圈受电涡流影响时的等效阻抗 Z 的函数关系式为

$$Z=F(\rho,\ \mu,\ R,\ \omega,\ x) \qquad (4\text{-}18)$$

式中，R——线圈与被测体的尺寸因子。

如果保持上式中其他参数不变，而只改变其中一个参数，传感器线圈阻抗 Z 就仅仅是这个参数的单值函数。通过与传感器配用的测量电路测出阻抗 Z 的变化量，即可实现对该参数的测量。

图 4-25　电涡流式传感器原理图

图 4-26　电涡流式传感器等效电路图
1—传感器线圈　2—电涡流短路环

若把导体等效成一个短路线圈，可画出图 4-25 的等效电路图，如图 4-26 所示。图中 R_2 为电涡流短路环等效电阻。根据基尔霍夫第二定律，可列出如下方程。

$$\begin{cases} R_1\dot{I}_1 + j\omega L_1\dot{I}_1 - j\omega M\dot{I}_2 = \dot{U}_1 \\ -j\omega M\dot{I}_1 + R_2\dot{I}_2 + j\omega L_2\dot{I}_2 = 0 \end{cases} \qquad (4\text{-}19)$$

式中，ω——线圈激磁电流角频率；

　　　　R_1、L_1——线圈电阻和电感；

　　　　L_2、R_2——短路环等效电感和等效电阻。

由式（4-19）解得等效阻抗 Z 的表达式为

$$Z = \frac{\dot{U}_1}{\dot{I}_1} = R_1 + \frac{\omega^2 M^2}{R_2^2 + (\omega L_2)^2}R_2 + j\omega\left[L_1 - \frac{\omega^2 M^2}{R_2^2 + (\omega L_2)^2}L_2\right] = R_{eq} + j\omega L_{eq} \qquad (4\text{-}20)$$

式中，R_{eq}——线圈受电涡流影响后的等效电阻；

　　　　L_{eq}——线圈受电涡流影响后的等效电感。

线圈的等效品质因数 Q 值为

$$Q = \frac{\omega L_{eq}}{R_{eq}}$$

4.3.2　电涡流式传感器的基本结构和类型

1. 电涡流式传感器的基本结构

电涡流式传感器的基本结构主要由线圈和框架组成。根据线圈在框架上的安置方法，

传感器的结构可分为两种形式：一种是单独绕成一只无框架的扁平圆形线圈，用胶水将此线圈粘接于框架的顶部，如图 4-27 所示的 CZF3 型电涡流式传感器；另一种是在框架的接近端面处开一条细槽，用导线在槽中绕成一只线圈，如图 4-28 所示的 CZF1 型电涡流式传感器。

图 4-27　CZF3 型电涡流式传感器

1—壳体　2—框架　3—线圈　4—保护套
5—填料　6—螺母　7—电缆

图 4-28　CZF1 型电涡流式传感器

1—电涡流线圈　2—前端壳体　3—位置调节螺纹
4—信号处理电路　5—夹持螺母　6—电源指示灯
7—阈值指示灯　8—输出屏蔽电缆线　9—电缆插头

2. 电涡流式传感器的类型

电涡流在金属导体内的渗透深度与传感器线圈的激励信号频率有关，故电涡流式传感器可分为高频反射式和低频透射式两类。目前高频反射式电涡流传感器应用较广泛。

（1）高频反射式

高频（>1MHz）激励电流产生的高频磁场作用于金属板的表面，由于集肤效应，在金属板表面将形成电涡流。与此同时，该涡流产生的交变磁场又反作用于线圈，引起线圈自感 L 或阻抗 Z_L 的变化。线圈自感 L 或阻抗 Z_L 的变化与金属板距离 h、金属板的电阻率 ρ、磁导率 μ、激励电流 i 及角频率 ω 等有关，若只改变距离 h 而保持其他参数不变，则可将位移的变化转换为线圈自感的变化，通过测量电路转换为电压输出。高频反射式涡流传感器多用于位移测量，如图 4-29 所示。

图 4-29　高频反射式电涡流传感器

（2）低频透射式

如图 4-30 所示发射线圈 L_1 和接收线圈 L_2 分置于被测金属板的上下方。由于低频磁场集肤效应小，渗透深，当低频（音频范围）电压 u_1 加到线圈 L_1 的两端后，所产生磁力线的一部分透过金属板，使线圈 L_2 产生感应电动势 u_2。但由于涡流消耗部分磁场能量，使感应电动势 u_2 减少，当金属板越厚时，损耗的能量越大，输出电动势 u_2 越小。因此 u_2 的大小与金属板的厚度及材料的性质有关。试验表明 u_2 随材料厚度 h 的增加按负指数规律减少，因此，若金属板材料的性质一定，则利用 u_2 的变化即可测厚度。

图 4-30　低频透射式电涡流传感器

4.3.3 电涡流式传感器的测量电路

1. 电桥电路

如图 4-31 所示，图中 L_1 和 L_2 为传感器两线圈电感，分别与选频电容 C_1 和 C_2 并联组成两桥臂，电阻 R_1 和 R_2 组成另外两桥臂。静态时，电桥平衡，桥路输出 $U_{AB}=0$。工作时，传感器接近被测体，电涡流效应等效电感 L 发生变化，测量电桥失去平衡，即 $U_{AB}\neq0$，经线性放大后送检波器检波后输出直流电压 U。显然此输出电压 U 的大小正比于传感器线圈的移动量，从而实现对位移量的测量。

2. 调幅式（AM）电路

如图 4-32 所示，石英晶体振荡器产生稳频、稳幅高频（100kHz～1MHz）振荡电压用于激励电涡流线圈。金属材料在高频磁场中产生电涡流，引起电涡流线圈端电压的衰减，再经高频放大、检波、低频放大电路，最终输出的直流电压 U_o 反映了金属体对电涡流线圈的影响（例如两者之间的距离等参数）。

图 4-31　电桥电路　　　　　　　　　图 4-32　调幅式电路

3. 调频（FM）式电路（100kHz～1MHz）

如图 4-33 所示，当电涡流线圈与被测体的距离 x 改变时，电涡流线圈的电感量 L 也随之改变，引起 LC 振荡器的输出频率变化，此频率可直接用计算机测量。如果要用模拟仪表进行显示或记录时，必须使用鉴频器，将 Δf 转换为电压 ΔU。

图 4-33　调频式电路

4.3.4 电涡流式传感器的应用

电涡流式传感器的特点是结构简单，易于进行非接触的连续测量，灵敏度较高，适用性强，因此得到了广泛的应用。它的变换量可以是位移 x，也可以是被测材料的性质（ρ 或 μ），其应用大致有下列 4 个方面。

① 利用位移 x 作为变换量，可以做成测量位移、厚度、振幅、振摆、转速等传感器，也可做成接近开关、计数器等。

② 利用材料电阻率 ρ 作为变换量，可以做成测量温度、材质判别等传感器。

③ 利用导磁率 μ 作为变换量，可以做成测量应力、硬度等传感器。

④ 利用变换量 x、ρ、μ 等的综合影响，可以做成探伤装置。

下面举几例作以简介。

1. 测量转速

如图 4-34 所示为电涡流式转速传感器及其工作原理图。在软磁材料制成的输入轴上加工一键槽（或装上一个齿轮状的零件），在距输入表面 d_0 处设置电涡流式传感器，输入轴与被测旋转轴相连。

（a）实物图　　　　　　　　　　　　　（b）工作原理框图

图 4-34　电涡流式转速传感器及其工作原理图

当旋转体转动时，输出轴的距离发生 $d_0+\Delta d$ 的变化。由于电涡流效应，这种变化将导致振荡谐振回路的品质因数变化，使传感器线圈电感随 Δd 的变化也发生变化，它们将直接影响振荡器的电压幅值和振荡频率。因此，随着输入轴的旋转，从振荡器输出的信号中包含有与转速成正比的脉冲频率信号。该信号由检波器检出电压幅值的变化量，然后经整形电路输出脉冲频率信号 f，该信号经电路处理便可得到被测转速。

2. 测位移

主轴轴向位移测量原理如图 4-35 所示。接通电源后，在电涡流探头的有效面（感应工作面）将产生一个交变磁场。当金属物体接近此感应面时，金属表面将吸取电涡流探头中的高频振荡能量，使振荡器的输出幅度线性地衰减，根据衰减量的变化，可计算出与被检物体的距离、振动等参数。这种位移传感器属于非接触测量，工作时不受灰尘等非金属因素的影响，寿命较长，可在各种恶劣条件下使用。

3. 电涡流式接近开关

接近开关又称无触点行程开关。常用的接近开关有电涡流式（俗称电感接近开关）、电容式、磁性干簧开关、霍尔式、光电式、微波式、超声波式等。在此以电涡流式为例加以简介。

电涡流式接近开关外形如图 4-36 所示。它能在一定的距离（几毫米至几十毫米）内检测有无物体靠近。当物体与其接近到设定距离时，就可以发出"动作"信号。接近开关的核心部分是"感辨头"，它对正在接近的物体有很高的感辨能力。

图 4-35　主轴轴向位移测量原理图　　　　图 4-36　电涡流式接近开关外形图

电涡流式接近开关属于一种开关量输出的位置传感器，它由 LC 高频振荡器和放大处理电路组成，原理图如图 4-37 所示。金属物体在接近能产生交变电磁场的振荡感辨头时，其内部产生涡流。涡流反作用于接近开关，使接近开关振荡能力衰减，内部电路的参数发生变化，由此识别出有无金属物体接近，进而控制开关的通或断。这种接近开关所能检测的物体必须是导电性能良好的金属物体。

图 4-37　电涡流式接近开关原理图

4. 金属探测器

金属探测器适用于金属管道的寻找定位、海滨游泳场沙滩金属垃圾的清除及其他工业和民用场所。

金属探测器电路如图 4-38 所示，由功放集成电路 LM386（IC1）、$VT_1 \sim VT_3$ 晶体管为主构成。L_1 是用直径为 0.45mm 的漆包线绕 30 圈的线圈，L_2 是一种高频磁性固定电感器。

图 4-38　金属探测器电路图

由 $VT_1 \sim VT_3$ 及其外围元件构成探测和基频振荡器。其中 VT_1 是共用管，它与 VT_2 等组成探测振荡器，又与 VT$_3$ 等组成基频振荡器。VT$_1$ 构成共基放大器，VT$_2$ 构成射极输出器，在 VT$_1$ 的集电极与 VT$_2$ 的基极之间接入 L_1 与 C_1 串联谐振选频电路，从而构成正反馈，形成谐振频率为 f_1=320kHz 的信号。同理，VT$_1$ 共基电路与 VT$_2$ 射极输出器和正反馈串联谐振元件 L_2、C_3 组成的选频电路也构成正反馈网络，产生频率为 f_2=320kHz 的信号。当 L_1 探测器未探测到金属物体时，f_1=f_2=320kHz，这两个信号由 VT$_1$ 差频以后，从 VT$_1$ 射极输出的是零差频信号，不能使耳机发出音频信号；当 L_1 探测器探测到金属物体时，L_1 的电感值发生变化，使探测振荡器的振荡频率 f_1 发生改变。该信号与基频振荡器产生的 f_2 进行差频以后，在 VT$_3$ 的发射极上就有音频信号输出，该音频信号的频率会随着 L_1 线圈离金属物体之间的距离不同而不同，距离越远，音调频率越低；反之音调频率越高。据此音调的高与低，就可得知被探测金属物体的远近或深浅。

VT$_3$ 发射极输出的音频信号经 R_5 和 C_4 滤波、C_5 耦合、R_{P1} 音量调整后加到 IC1 的③脚，放大后经 C_8 以推动耳机发声。

本章小结

变磁阻式传感器是利用被测量的变化使线圈电感量发生改变来实现测量的。它可分为自感式传感器、差动变压器式传感器、电涡流式传感器等几种，而前两种又统称为电感式传感器。

自感式变气隙传感器有基本变气隙传感器与差动变气隙式传感器。两者相比，后者的灵敏度比前者的高一倍，且线性度得到明显改善。

差动变压器式传感器属于互感式传感器，把被测得的非电量转换为线圈间互感量的变化。差动变压器的结构形式有变气隙式、变面积式和螺线管式等，其中应用最多的是螺线管式差动变压器。

电涡流式传感器具有结构简单，频率响应宽，灵敏度高，测量范围大，抗干扰能力强等优点，特别是电涡流式传感器可以实现非接触式测量。应用电涡流式传感器可实现多种物理量的测量，也可用于无损探伤。

思考与练习

4.1　单项选择

1. 在电容式传感器中，如果应用调频法测量转换电路，则电路中_____。

   A. 电容和电感均为变量　　　　　　　　B. 电容是变量，电感保持不变

   C. 电感为变量，电容保持不变　　　　　D. 电容和电感均保持不变

2. 自感式传感器或差动变压器式传感器采用相敏检波电路最重要的目的是为了_____。

   A. 将输出的交流信号转换成直流信号

   B. 提高灵敏度

   C. 使检波后的直流电压能反映检波前交流信号的相位和幅度

   D. 减小非线性失真

4.2 电感式传感器的工作原理是什么？能够测量哪些物理量？

4.3 变气隙式传感器主要由哪几部分组成？有什么特点？

4.4 为什么螺线管式电感传感器比变气隙式电感传感器有更大的测量位移范围？

4.5 何谓零点残余电压？说明该电压产生的原因和消除方法。

4.6 差动变压器式传感器的测量电路有几种类型？说明它们的组成和工作原理。为什么这类电路能消除零点残余电压？

4.7 什么是电涡流效应？概述电涡流式传感器的基本结构和工作原理。

4.8 图 4-39 为一种力平衡式差压计结构原理图，请简述其工作过程。

4.9 图 4-40 为一种利用电涡流式传感器工作的生产线工件的计数系统，请简述其工作过程。

图 4-39 力平衡式差压计结构原理图 　　　　图 4-40 生产线工件计数系统

实训项目 3 差动变压器的标定（静态位移性能）

1. 实训目的

了解差动变压器测量系统的组成和标定方法。

2. 所需单元及部件

音频振荡器、差动放大器、差动变压器、移相器、相敏检波器、低通滤波器、测微头、电桥、V/F 表、示波器、主副电源。

3. 有关旋钮初始位置

音频振荡 4～8 kHz，差动放大器的增益达到最大，F/V 表置 2V 挡，主、副电源关闭。

4. 实训步骤

① 按如图 4-41 所示接好线路。

② 装上测微头，上下调整使差动变压器铁芯处于线圈的中段位置。

③ 开启主、副电源，利用示波器，调整音频振荡器幅度旋钮，使激励电压幅峰峰值为 2V。

④ 利用示波器和电压表，调整各调零及平衡电位器，使电压表指示为零。

图 4-41　差动变压器接线图

⑤ 给梁一个较大的位移，调整移相器，使电压表指示为最大，同时可用示波器观察相敏检波器的输出波形。

⑥ 旋转测微头，每隔 0.1 mm 读数记录实训数据，填入表 4-1，作出 V-x 曲线，并求出灵敏度。

表 4-1

x/mm					
V/mV					

实训项目4　电涡流式传感器的应用——振幅测量

1.　实训目的

了解电涡流式传感器测量振动的原理和方法。

2.　所需单元及部件

电涡流式传感器、涡流变换器、差动放大器、电桥、铁测片、直流稳压电源、低频振荡器、激振线圈、F/V 表、示波器、主副电源。

3.　有关旋钮的初始位置

差动放大器增益置最小（逆时针到底），直流稳压电源置 4 V 挡。

4.　实训步骤

① 转动测微器，将振动平台中间的磁铁与测微头分离，使梁振动时不至于再被吸住（这时振动台处于自由静止状态），适当调节涡流传感器头的高低位置（目测），以线性范围的中点附近为参考点。

② 根据如图 4-42 所示的电路结构接线，将涡流传感器探头、涡流变换器、电桥平衡网络、差动放大器、F/V 表、直流稳压电源连接起来，组成一个测量线路（这时直流稳压电源应置于 ±4V 挡），F/V 表置 20V 挡，开启主、副电源。

③ 调节电桥网络，使电压表读数为零。

图 4-42　电涡流式传感器电路结构接线图

去除差动放大器与电压表连线，将差动放大器的输出与示波器连起来，将 F/V 表置 2kHz 挡，并将低频振荡器的输出端与频率表的输入端相连。

④ 固定低频振荡器的幅度旋钮至某一位置（以振动台振动时不碰撞其他部件为好），调节频率，调节时用频率表监测频率，用示波器读出峰峰值填入表 4-2，关闭主、副电源。

表 4-2

F/Hz	3Hz			25Hz
$V_{P\text{-}P}$/V				

5. 思考题

① 根据实训结果，可以知道振动台的自振频率大致为多少？

② 如果已知被测梁振幅为 0.2mm，传感器是否一定要安装在最佳工作点？

③ 如果此传感器仅用来测量振动频率，工作点问题是否仍十分重要？

第5章

热电偶传感器及应用

热电偶是工程上应用最广泛的温度传感器。它构造简单，使用方便，具有较高的准确度、稳定性及复现性，温度测量范围宽，在温度测量中占有重要的地位。

5.1 热电偶的工作原理和基本定律

5.1.1 热电偶的工作原理

1. 热电效应

将两种不同成分的导体组成一个闭合回路，如图 5-1 所示，当闭合回路的两个结点分别置于不同的温度场中时，回路中将产生一个电动势，这种现象称为"热电效应"。热电效应是 1821 年由 Seeback 发现的，故又称为赛贝克效应。两种导体组成的回路称为"热电偶"，这两种导体称为"热电极"，产生的电动势则称为"热电动势"，热电偶的两个结点，一个称为测量端（工作端或热端），另一个称为参考端（自由端或冷端）。

图 5-1　热电偶回路原理

热电动势由两部分组成，一部分是两种导体的接触电动势，另一部分是单一导体的温差电动势。

2. 接触电动势

当 A 和 B 两种不同材料的导体接触时，由于两者内部单位体积的自由电子数目不同（即电子密度不同），因此，电子在两个方向上扩散的速率就不一样。假设导体 A 的自由电子密度大于导体 B 的自由电子密度，则导体 A 扩散到导体 B 的电子数要比导体 B 扩散到导体 A 的电子数大。所以导体 A 失去电子带正电荷，导体 B 得到电子带负电荷。于是，在 A、B 两导体的接触界面上便形成一个由 A 到 B 的电场，如图 5-2（a）所示。该电场的方向与扩散进行的方向相反，它将引起反方向的电子转移，阻碍扩散作用的继续进行。当扩散作用与阻碍扩散作用相等时，即自导体 A 扩散到导体 B 的自由电子数与在电场作用下自导体 B 到导体 A 的自由电子数相等时，便处于一种动态平衡状态。在这种状态下，A 与 B 两导体的接触处产生了电位差，称为接触电动势。

（a）接触电动势原理示意图　（b）温差电动势原理示意图

图 5-2　热电动势示意图

接触电动势的大小与导体材料、结点的温度有关，与导体的直径、长度及几何形状无关。接触电动势大小为

$$e_{AB}(T) = \frac{kT}{e} \ln \frac{n_A}{n_B} \qquad (5-1)$$

式中，$e_{AB}(T)$——导体 A、B 在结点温度为 T 时形成的接触电动势；

T——接触处的绝对温度，K；

k——波尔兹曼常数，$k = 1.38 \times 10^{-23} \text{J/K}$；

e——单位电荷，$e = 1.6 \times 10^{-19} \text{C}$；

n_A、n_B——材料 A、B 在温度为 T 时的自由电子密度。

3. 温差电动势

如图 5-2（b）所示，将某一导体两端分别置于不同的温度场 T、T_0 中，在导体内部，热端自由电子具有较大的动能，向冷端移动，从而使热端失去电子带正电荷，冷端得到电子带负电荷。这样，导体两端便产生了一个由热端指向冷端的静电场，该静电场阻止电子从热端向冷端移动，最后达到动态平衡。这样，导体两端便产生了电动势，我们称为温差电动势。即

$$e_A(T, T_0) = \int_{T_0}^{T} \sigma_A dT \qquad (5-2)$$

式中，$e_A(T, T_0)$——导体 A 在两端温度分别为 T 和 T_0 时的温差电动势；

σ_A——导体 A 的汤姆逊系数，表示单一导体两端的温差为 1℃时所产生的温差电动势。

4. 热电偶的电动势

设导体 A、B 组成热电偶的两结点温度分别为 T 和 T_0，热电偶回路所产生的总电动势 $E_{AB}(T, T_0)$ 包括接触电动势 $e_{AB}(T)$、$e_{AB}(T_0)$；温差电动势 $e_A(T, T_0)$、$e_B(T, T_0)$，取 $e_{AB}(T)$ 的方向为正，如图 5-1 所示，则

$$E_{AB}(T, T_0) = e_{AB}(T) - e_{AB}(T_0) - e_A(T, T_0) + e_B(T, T_0) \qquad (5-3)$$

一般地，在热电偶回路中接触电动势远远大于温差电动势，所以温差电动势可以忽略不计，上式可改写成

$$E_{AB}(T, T_0) = e_{AB}(T) - e_{AB}(T_0) = \frac{kT}{e} \ln \frac{n_A}{n_B} - \frac{kT_0}{e} \ln \frac{n_A}{n_B} = \frac{k}{e}(T - T_0) \ln \frac{n_A}{n_B} \qquad (5-4)$$

综上所述，可以得出以下结论。

① 如果热电偶两材料相同，则无论结点处的温度如何，总电动势为0。

② 如果两结点处的温度相同，尽管 A、B 材料不同，总热电动势为0。

③ 热电偶热电动势的大小，只与组成热电偶的材料和两结点的温度有关，而与热电偶的形状、尺寸无关，当热电偶两电极材料固定后，热电动势便是两结点电动势差。

④ 如果使冷端温度 T_0 保持不变，则热电动势便成为热端温度 T 的单一函数。用实验方法求取这个函数关系。通常令 $T_0 = 0℃$，然后在不同的温差（$T-T_0$）情况下，精确地测定出回路总热电动势，并将所测得的结果列成表格（称为热电偶分度表），供使用时查阅。

5.1.2　热电偶的基本定律

1.　均质导体定律

由一种均质导体组成的闭合回路中，不论导体的截面和长度如何以及各处的温度分布如何，都不能产生热电动势。这一定理说明，热电偶必须由两种不同性质的均质材料构成。

2.　中间导体定律

在热电偶中接入第 3 种均质导体，只要第 3 种导体的两结点温度相同，则热电偶的热电动势不变。

图 5-3　第 3 种导体接入热电偶回路

如图 5-3 所示，在热电偶中接入第 3 种导体 C，设导体 A 与 B 结点处的温度为 T，A 与 C、B 与 C 两结点处的温度为 T_0，则回路中的热电动势为

$$
\begin{aligned}
E_{ABC}(T, T_0) &= e_{AB}(T) + e_{BC}(T_0) + e_{CA}(T_0) \\
&= e_{AB}(T) + \left(\frac{kT_0}{e} \ln \frac{n_B}{n_C} + \frac{kT_0}{e} \ln \frac{n_C}{n_A} \right) \\
&= e_{AB}(T) - \frac{kT_0}{e} \ln \frac{n_A}{n_B} \\
&= e_{AB}(T) - e_{AB}(T_0) \\
&= E_{AB}(T, T_0)
\end{aligned}
\tag{5-5}
$$

即　　　　　　　　　　　　$$E_{ABC}(T, T_0) = E_{AB}(T, T_0)$$

热电偶的这种性质在实用上有很重要的意义，它使我们可以方便地在回路中直接接入各种类型的显示仪表或调节器，也可以将热电偶的两端不焊接而直接插入液态金属中或直接焊在金属表面测量。

推论：在热电偶中接入第 4，5，… 种导体，只要保证插入导体的两结点温度相同，且是均质导体，则热电偶的热电动势仍不变。

3.　标准电极定律

如图 5-4 所示，已知热电极 A、B 分别与标准电极 C 组成热电偶，在结点温度为（T，T_0）时的热电动势分别为 $E_{AC}(T, T_0)$ 和 $E_{BC}(T, T_0)$，则在相同温度下，由 A、B 两种热电极配对后的热电动势为

$$
E_{AB}(T, T_0) = E_{AC}(T, T_0) - E_{BC}(T, T_0)
\tag{5-6}
$$

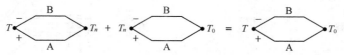

图 5-4 三种导体分别组成的热电偶

由于铂的物理化学性质稳定，熔点高，易提纯，我们通常选用高纯铂丝做标准电极。这样，测得各种金属与纯铂组成的热电偶的热电势，则各种金属组合而成的热电偶的热电势可根据上式算出来。

【**实例 5.1**】 已知铂铑 $_{30}$-铂热电偶的 $E_{AC}(1\ 084.5,0) = 13.937\text{mV}$，铂铑 $_6$-铂热电偶的 $E_{BC}(1\ 084.5,0) = 8.354\text{mV}$。求铂铑 $_{30}$-铂铑 $_6$ 在相同温度条件下的热电动势。

解：由标准电极定律可知， $E_{AB}(T,T_0) = E_{AC}(T,T_0) - E_{BC}(T,T_0)$ ，所以

$$E_{AB}(1\ 084.5,0) = E_{AC}(1\ 084.5,0) - E_{BC}(1\ 084.5,0) = 13.937 - 8.354 = 5.583（\text{mV}）$$

4. 中间温度定律

热电偶在两结点温度分别为 T、T_0 时的热电动势等于该热电偶在结点温度为 T、T_n 和 T_n、T_0 相应热电动势的代数和，即

$$E_{AB}(T,T_0) = E_{AB}(T,T_n) + E_{AB}(T_n,T_0) \tag{5-7}$$

该定律是参考端温度计算修正法的理论依据，其等效示意图如图 5-5 所示。

图 5-5 热电偶中间温度定律示意图

在实际热电偶测温回路中，利用热电偶这一性质，可对参考端温度不为 0℃的热电动势进行修正。

【**实例 5.2**】 镍铬-镍硅热电偶，工作时其自由端温度为 30℃，测得热电动势为 39.17mV，求被测介质的实际温度。

解：由 $t_0 = 0℃$，查镍铬-镍硅热电偶分度表，$E(30, 0) = 1.2\text{mV}$，又知 $E(t, 30) = 39.17\text{mV}$，所以 $E(t, 0) = E(30, 0) + E(t, 30) = 1.2\text{mV} + 39.17\text{mV} = 40.37\text{mV}$。

再用 40.37mV 反查分度表得 977℃，即被测介质的实际温度。

5.2

热电偶的结构形式及材料

5.2.1 热电偶的基本结构形式

为了适应不同生产对象的测温要求和条件，热电偶的结构形式有普通型热电偶、铠装型热

电偶和薄膜热电偶等。热电偶的种类虽然很多，但通常由金属热电极、绝缘子、保护套管及接线装置等部分组成。

1. 普通型热电偶

普通型热电偶工业上使用最多，它一般由热电极、绝缘套管、保护管和接线盒组成，其结构如图 5-6 所示。普通型热电偶按其安装时的连接形式可分为固定螺纹连接、固定法兰连接、活动法兰连接、无固定装置等多种形式。

2. 铠装型热电偶

铠装型热电偶又称套管热电偶。它是由热电偶丝、绝缘材料和金属套管三者经拉伸加工而成的坚实组合体，如图 5-7 所示。它可以做得很细很长，使用中随需要能任意弯曲。铠装型热电偶的主要优点是测温端热容量小，动态响应快，机械强度高，挠性好，可安装在结构复杂的装置上，因此被广泛用在许多工业部门中。

图 5-6　普通型热电偶结构

图 5-7　铠装型热电偶结构
1—接线盒　2—金属套管　3—固定装置
4—绝缘材料　5—热电偶丝

3. 薄膜热电偶

用真空蒸镀（或真空溅射）、化学涂层等工艺，将热电极材料沉积在绝缘基板上，形成一层金属薄膜。热电偶测量端既小又薄（厚度可达 0.01～0.1μm），因而热惯性小，反应快，可用于测量瞬变的表面温度和微小面积上的温度，如图 5-8 所示。其结构有片状、针状和把热电极材料直接蒸镀在被测表面上等 3 种。所用的电极类型有铁-康铜、铁-镍、铜-康铜、镍铬-镍硅等。测温范围为-200～300℃。

图 5-8　铁-镍薄膜热电偶结构
1—测量接点　2—铁膜　3—铁丝　4—镍丝
5—接头夹具　6—镍膜　7—衬架

4. 表面热电偶

表面热电偶是用来测量各种状态的固体表面温度的，如测量轧辊、金属块、炉壁、橡胶筒和涡轮叶片等表面温度。

此外还有测量气流温度的热电偶、浸入式热电偶等。

5.2.2　热电偶材料

1.　对热电极材料的一般要求

① 配对的热电偶应有较大的热电动势，并且热电动势对温度尽可能有良好的线性关系。

② 能在较宽的温度范围内应用，并且在长时间工作后，不会发生明显的化学及物理性能的变化。

③ 电阻温度系数小，电导率高。

④ 易于复制，工艺性与互换性好，便于制定统一的分度表，材料要有一定的韧性，焊接性能好，以利于制作。

2.　电极材料的分类

① 一般金属：如镍铬-镍硅、铜-镍铜、镍铬-镍铝、镍铬-考铜等。

② 贵金属：这类热电偶材料主要是由铂、铱、铑、钌、锇及其合金组成，如铂铑-铂、铱铑-铱等。

③ 难熔金属：这类热电偶材料系由钨、钼、铌、铼、锆等难熔金属及其合金组成，如钨铼-钨铼、铂铑-铂铑等热电偶。

3.　绝缘材料

热电偶测温时，除测量端以外，热电极之间和连接导线之间均要求有良好的电绝缘，否则会有热电动势损耗而产生测量误差，甚至无法测量。

① 有机绝缘材料：这类材料具有良好的电气性能、物理和化学性能以及工艺性，但耐高温、高频和稳定性较差。

② 无机绝缘材料：其有较好的耐热性，常制成圆形或椭圆形的绝缘管，有单孔、双孔、四孔及其他特殊规格。其材料有陶瓷、石英、氧化铝和氧化镁等。除管材外，还可以将无机绝缘材料直接涂覆在热电极表面，或者把粉状材料经加压后烧结在热电极和保护管之间。

4.　保护管材料

对保护材料的要求如下。

① 气密性好，可有效地防止有害介质深入而腐蚀结点和热电极。

② 应有足够的强度及刚度，耐振、耐热冲击。

③ 物理化学性能稳定，在长时间工作中不至于介质、绝缘材料和热电极互相作用，也不产生对热电极有害的气体。

④ 导热性能好，使结点与被测介质有良好的热接触。

5.2.3　常用热电偶

热电偶可分为标准型热电偶和非标准型热电偶两种类型。标准型热电偶是指国家已经定型批量生产的热电偶；非标准型热电偶是指特殊用途试生产的热电偶，包括铂铑系、铱铑系及钨铼系热电偶等。目前工业上常用的有 4 种标准型热电偶，即铂铑$_{30}$-铂铑$_6$，铂铑$_{10}$-铂，镍铬-镍硅和镍铬-铜镍（我国通常称为镍铬-康铜）热电偶。下面简要介绍其性能。

1. 标准型热电偶

从 1988 年 1 月 1 日起，我国热电偶和热电阻的生产全部按国际电工委员会（IEC）的标准，并指定 S、B、E、K、R、J、T 7 种标准化热电偶为我国统一设计型热电偶。但其中的 R 型（铂铑$_{13}$-铂）热电偶，因其温度范围与 S 型（铂铑$_{10}$-铂）重合，我国没有生产和使用。

铂铑$_{30}$-铂铑$_6$：型号为 WRR，分度号是 B（旧的分度号是 LL-2）。测量范围是 0～1 800℃，100℃时的热电动势是 0.033mV。主要特点有：使用温度高、性能稳定、精度高、易在氧化和中性介质中使用，但价格贵、热电动势小、灵敏度低。

铂铑$_{10}$-铂：型号为 WRP，分度号是 S（旧的分度号是 LB-3）。测温范围是 0～1 600℃，100℃时的热电动势是 0.645mV。主要特点有：使用温度范围广、性能稳定、精度高、复现性好，但热电动势较小、高温下铑易升华、污染铂极、价格贵，一般用于较精密的测温中。

镍铬-镍硅：型号为 WRN，分度号是 K（旧的分度号是 EU-2）。测温范围是–200～1 300℃，100℃时的热电动势是 4.095mV。其特点有：热电动势大、线性好、价廉，但材料较脆、焊接性能及抗辐射性能较差。

镍铬-考铜：型号为 WRK，分度号是 EA-2，测温范围是 0～800℃，100℃时的热电动势是 6.95mV。其特点有：热电动势大、线性好、价廉，但测温范围小、考铜易受氧化而变质。

2. 非标准型热电偶

（1）铱和铱合金热电偶

如铱$_{50}$铑-铱$_{10}$钌、铱铑$_{40}$-铱、铱铑$_{60}$-铱热电偶。它能在氧化环境中测量高达 2 100℃的高温，且热电动势与温度关系线性好。

（2）钨铼热电偶

它是 20 世纪 60 年代发展起来的，是目前一种较好的高温热电偶，可使用在真空惰性气体介质或氢气介质中，但高温抗氧化能力差。

国产钨铼$_3$-钨铼$_{25}$、钨铼-钨铼$_{20}$热电偶使用温度范围在 300～2 000℃，分度精度为 1%。主要用于钢水连续测温、反应堆测温等场合。

（3）金铁-镍铬热电偶

主要用在低温测量，可在 2～273K 范围内使用，灵敏度约为 10μV/℃。

（4）钯-铂铱$_{15}$热电偶

这是一种高输出性能的热电偶，在 1 398℃时的热电动势为 47.255mV，比铂铑$_{10}$-铂热电偶在同样温度下的热电动势高出 3 倍，因而可配用灵敏度较低的指示仪表，常应用于航空工业。

5.3 热电偶实用测温线路和温度补偿

5.3.1　热电偶实用测温线路

合理安排热电偶测温线路，对提高测温精度和维修等方面都具有十分重要的意义。

1.　测量某点温度的基本电路

基本测量电路包括热电偶、补偿导线、冷端补偿器、连接用铜线、动圈式显示仪表。如图 5-9 所示是一支热电偶配一台仪表的测量线路。显示仪表如果是电位差计，则不必考虑线路电阻对测温精度的影响；如果是动圈式仪表，就必须考虑测量线路电阻对测温精度的影响。

2.　测量温度之和——热电偶串联测量线路

将 N 支相同型号的热电偶正负极依次相连接，如图 5-10 所示。若 N 支热电偶的各热电动势分别为 E_1，E_2，E_3，$\cdots$，E_N，则总电动势为

$$E_{串} = E_1 + E_2 + E_3 + \cdots + E_N = NE \tag{5-8}$$

式中，E——N 支热电偶的平均热电动势。

图 5-9　热电偶基本测量电路

图 5-10　热电偶串联测量线路

串联线路的总热电动势为 E 的 N 倍，$E_{串}$ 所对应的温度可由 $E_{串}$-t 关系求得，也可根据平均热电动势 E 在相应的分度表上查对。串联线路的主要优点是热电动势大，精度比单支高；主要缺点是只要有一支热电偶断开，整个线路就不能工作，个别短路会引起示值显著偏低。

3.　测量平均温度——热电偶并联测量线路

将 N 支相同型号的热电偶正负极分别连在一起，如图 5-11 所示。

如果 N 支热电偶的电阻值相等，则并联电路总热电动势等于 N 支热电偶的平均值，即

$$E_{并} = (E_1 + E_2 + E_3 + \cdots + E_N)/N \tag{5-9}$$

4.　测量两点之间的温度差

实际工作中常需要测量两处的温差，可选用两种方法：一种是两支热电偶分别测量两处的

温度，然后求算温差；另一种是将两支同型号的热电偶反串连接，直接测量温差电动势，然后求算温差，如图 5-12 所示。前一种测量较后一种测量精度差，对于要求精确的小温差测量，应采用后一种测量方法。

图 5-11　热电偶并联测量线路

图 5-12　温差测量线路

5.3.2　热电偶的温度补偿

从热电效应的原理可知，热电偶产生的热电动势与两端温度有关。只有将冷端的温度恒定，热电动势才是热端温度的单值函数。由于热电偶分度表是以冷端温度为 0℃时作出的，因此在使用时要正确反映热端温度，最好设法使冷端温度恒为 0℃。但实际应用中，热电偶的冷端通常靠近被测对象，且受到周围环境温度的影响，其温度不是恒定不变的。为此，必须采取一些相应的措施进行补偿或修正，常用的方法有以下几种。

1.　冷端恒温法

（1）0℃恒温法

在实验室及精密测量中，通常把参考端放入装满冰水混合物的容器中，以便参考端温度保持 0℃，这种方法又称冰浴法。

（2）其他恒温法

将热电偶的冷端置于各种恒温器内，使之保持恒定温度，避免由于环境温度的波动而引入误差。这类恒温器可以是盛有变压器油的容器，利用变压器油的热惯性恒温，也可以是电加热的恒温器，这类恒温器的温度不为 0℃，故最后还需对热电偶进行冷端修正。

2.　补偿导线法

补偿导线的作用是将热电偶的冷端延长到温度相对稳定的地方。只有当冷端温度恒定时，产生的热电动势才与热端温度成单值函数关系。工业中应用时，一般都把冷端延长到中控室温度相对稳定的地方，如图 5-13 所示（其中 A'、B'为补偿导线）。所谓补偿导线，实际上是一对材料化学成分不同的导线，在 0～150℃温度范围内与配接的热电偶有一致的热电特性，价格相对要便宜。由此可知，我们不能用一般的铜导线传送热电偶信号，同时对不同分度号的热电偶采用的补偿导线也不同。常用热电偶的补偿导线列

图 5-13　补偿导线连接示意图

于表 5-1。根据中间温度定律，只要热电偶和补偿导线的两个结点温度一致，是不会影响热电动势输出的。

表 5-1   常用补偿导线

补偿导线型号	配用热电偶型号	补偿导线		绝缘层颜色	
		正 极	负 极	正 极	负 极
SC	S	SPC（铜）	SNC（铜镍）	红	绿
KC	K	KPC（铜）	KNC（铜镍）	红	蓝
KX	K	KPX（镍铬）	KNX（镍硅）	红	黑
EX	E	EPX（镍铬）	ENX（铜镍）	红	棕

使用补偿导线必须注意以下几个问题。

① 两根补偿导线与两个热电极的结点必须具有相同的温度。

② 只能与相应型号的热电偶配用，而且必须满足工作范围要求。

③ 极性切勿接反。

3. 计算修正法

上述两种方法解决了一个问题，即设法使热电偶的冷端温度恒定。但是，冷端温度并非一定为 0℃，所以测出的热电动势还是不能正确反映热端的实际温度。为此，必须对温度进行修正。修正公式如下

$$E_{AB}(t, t_0) = E_{AB}(t, t_1) + E_{AB}(t_1, t_0) \tag{5-10}$$

式中，$E_{AB}(t, t_0)$——热电偶热端温度为 t，冷端温度为 0℃时的热电动势；

$E_{AB}(t, t_1)$——热电偶热端温度为 t，冷端温度为 t_1 时的热电动势；

$E_{AB}(t_1, t_0)$——热电偶热端温度为 t_1，冷端温度为 0℃时的热电动势。

【**实例 5.3**】 用镍铬-镍硅热电偶测某一水池内水的温度，测出的热电动势为 2.436mV。再用温度计测出环境温度为 30℃（且恒定），求池水的真实温度。

解： 由镍铬-镍硅热电偶分度表查出 $E(30, 0) = 1.203$mV，所以

$$E(T, 0) = E(T, 30) + E(30, 0)$$
$$= 2.436 + 1.203 = 3.639（\text{mV}）$$

查分度表知其对应的实际温度为 $T = 88$℃，即池水的真实温度是 88℃。

4. 电桥补偿法

计算修正法虽然很精确，但不适合连续测温，为此，有些仪表的测温线路中带有补偿电桥，利用不平衡电桥产生的电动势补偿热电偶因冷端温度波动引起的热电动势的变化，如图 5-14 所示。

图 5-14 中，E 为热电偶产生的热电动势，U 为回路的输出电压。回路中串接了一个补偿电桥。$R_1 \sim R_3$ 及 R_{CM} 均为桥臂电阻。R_{CM} 是用漆包铜丝绕制成的，它和热电偶的冷端感受同一温度。$R_1 \sim R_3$ 均用温度系数小的锰铜丝绕成，阻值稳定。在桥路设计时，使 $R_1 = R_2$，并且 R_1、R_2 的阻值要比桥路中其他电阻大得多。这样，即使电桥中其他电阻的阻值发生变化，左右两桥臂中的电流却差不多保持不变，从而认为其具有恒流特性。

图 5-14 电桥补偿电路

回路输出电压 U 为热电偶的热电动势 E、桥臂电阻 R_{CM} 的压降 U_{RCM} 及另一桥臂电阻 R_3 的压降 U_{R3} 三者的代数和。

$$U = E + U_{RCM} - U_{R3} \quad\quad (5\text{-}11)$$

当热电偶的热端温度一定，冷端温度升高时，热电动势将会减小。与此同时，铜电阻 R_{CM} 的阻值将增大，从而使 U_{RCM} 增大，由此达到了补偿的目的。

自动补偿的条件应为

$$\Delta e = I_1 R_{CM} \alpha \Delta t \quad\quad (5\text{-}12)$$

式中，Δe——热电偶冷端温度变化引起的热电动势的变化，它随所用的热电偶材料不同而异；

$\quad\quad I_1$——流过 R_{CM} 的电流；

$\quad\quad \alpha$——铜电阻 R_{CM} 的温度系数，一般取 $0.003\,91/℃$；

$\quad\quad \Delta t$——热电偶冷端温度的变化范围。

通过上式，可得

$$R_{CM} = \frac{1}{\alpha I_1} \cdot \frac{\Delta e}{\Delta t} \quad\quad (5\text{-}13)$$

需要说明的是，热电偶所产生的热电动势与温度之间的关系是非线性的，每变化 $1℃$ 所产生的毫伏数并非都相同，但补偿电阻 R_{CM} 的阻值变化却与温度变化成线性关系。因此，这种补偿方法是近似的。在实际使用时，由于热电偶冷端温度变化范围不会太大，这种补偿方法常被采用。

5. 显示仪表零位调整法

当热电偶通过补偿导线连接显示仪表时，如果热电偶冷端温度已知且恒定时，可预先将有零位调整器的显示仪表的指针从刻度的初始值调至已知的冷端温度值上，这时显示仪表的示值即为被测量的实际值。

6. 软件处理法

对于计算机系统，不必全靠硬件进行热电偶冷端处理。例如冷端温度恒定但不为 $0℃$ 的情况，只需在采样后加一个与冷端温度对应的常数即可。

对于 T_0 经常波动的情况，可利用热敏电阻或其他传感器把 T_0 信号输入计算机，按照运算公式设计一些程序，便能自动修正。

5.4

热电偶传感器的应用

1. 热电偶测量炉温

图 5-15 为常用的热电偶测量炉温系统图。图中由毫伏定值器给出设定温度的相应毫伏值，如热电偶的热电动势与定值器的输出值有偏差，则说明炉温偏离给定，此偏差经放大器送入调

节器，再经过晶闸管触发器去推动晶闸管执行器，从而调整炉丝的加热功率，消除偏差，达到控温的目的。

图 5-15　热电偶测量炉温系统图

2. 由热电偶放大器 AD594 构成的热电偶温度计

图 5-16 是由热电偶放大器 AD594 构成的热电偶温度计电路，该电路适用于电镀工艺流水线以及温度测量范围在 0～150℃内的各种场合。

图 5-16　由热电偶放大器 AD594 构成的热电偶温度计电路

（1）AD594

AD594 是美国 Analog Devices 公司生产的具有基准点补偿功能的热电偶放大集成电路，适用于各种型号的热电偶。

AD594 集成块内部电路框图如图 5-17 所示，主要由两个差动放大器、一个高增益主放大器和基准点补偿器以及热电偶断线检测电路等组成。该 IC 采用 14 脚双列式封装，其各引脚功能如表 5-2 所示。

图 5-17　AD594 内部结构框图

表 5-2　AD594 集成块各引脚功能

引　脚	功　能　说　明	引　脚	功　能　说　明
①	温度检测信号放大器反相输入端	⑧	反馈元件引出脚端（属输入端）
②	基准点补偿器外接元件	⑨	主放大器信号输出端
③	放大器同相信号输入端	⑩	主放大器电路公共端
④	基准点补偿器公共端	⑪	正电源电压输入端
⑤	放大器反相信号输入端	⑫	热电偶断线检测端/偏置电压输入端
⑥	未使用	⑬	热电偶断线检测端
⑦	负电源端（接地线）	⑭	温度检测信号放大器同相输入端

（2）工作原理

在图 5-16 中，J 型热电偶的一对导线末端点作为热电偶的连接点，它是 AD594 进行补偿的接点。此点必须与 AD594 保持相同的温度，AD594 外壳和印制板在①脚和⑭脚用铜箔进行热接触，热电偶的引线接到它的外壳引线上，从而保持均温。

当热电偶的一条或两条引线断开时，AD594 的⑫脚变为低电平，TTL 门电路 IC3 就会控制报警电路发出报警声，提示用户热电偶出现了断线故障。

热电偶的温度每变化 1℃，AD594 集成电路的⑨脚就有 10mV 的电压输出，该电压经 1Ω 电阻加至数字显示电路 ICL7107CPL 的㉛脚。

ICL7107CPL 是一块显示器驱动控制专用数字显示集成电路，其㉛脚输入的模拟量转换成数字量，经译码后输出驱动控制信号，驱动 LED 显示器以显示当前检测到的温度。

本章小结

将两种不同成分的导体组成一闭合回路，当闭合回路的两个结点分别置于不同的温度场中时，回路中将产生一个电动势，该电动势的方向和大小与导体的材料及两结点的温度有关，这种现象称为"热电效应"。

热电动势由两部分组成，一部分是两种导体的接触电动势，另一部分是单一导体的温差电动势。接触电动势比温差电动势大得多，可将温差电动势忽略掉。热电偶热电动势的大小，只与组成热电偶的材料和两结点的温度有关，而与热电偶的形状、尺寸无关，当热电偶两电极材料固定后，热电动势便是两结点电动势差。

热电偶有 4 个基本定律：均质导体定律、中间导体定律、标准电极定律和中间温度定律。它们是分析和应用热电偶的重要理论基础。

热电偶的种类很多，通常由热电极金属材料、绝缘材料、保护材料及接线装置等部分组成。热电偶可分为标准型热电偶和非标准型热电偶两种类型。标准型热电偶是指国家已经定型批量生产的热电偶，非标准型热电偶是指特殊用途试生产的热电偶。

热电偶产生的热电动势与两端温度有关。只有将冷端的温度恒定，热电动势才是热端温度的单值函数。但实际应用中，热电偶的冷端通常靠近被测对象，且受到周围环境温度的影响，其温度不是恒定不变的。为此，必须采取一些相应的措施进行补偿或修正，常用的方法有：冷端恒温法、补偿导线法、计算修正法、电桥补偿法和显示仪表零位调整法等。

思考与练习

5.1 什么是金属导体的热电效应？产生热电效应的条件有哪些？

5.2 热电偶产生的热电动势由哪几种电动势组成？起主要作用的是哪种电动势？

5.3 试分析金属导体中产生接触电动势的原因，其大小与哪些因素有关？

5.4 试分析金属导体中产生温差电动势的原因，其大小与哪些因素有关？

5.5 试证明热电偶的中间导体定律。试述该定律在热电偶实际测温中有什么作用。

5.6 试证明热电偶的标准热电极定律。试述该定律在热电偶实际测温中有什么作用。

5.7 试证明热电偶的中间温度定律。试述该定律在热电偶实际测温中有什么作用。

5.8 什么是补偿导线？热电偶测温为什么要采用补偿导线？目前的补偿导线有哪几种类型？

5.9 热电偶的参考端温度处理方法有哪几种？

5.10 用铂铑$_{10}$-铂（S 型）热电偶测量某一温度，若参比端温度 $T_0 = 30℃$，测得的热电动势 $E(T,T_n) = 7.5mV$，求测量端实际温度 T。

5.11 用镍铬-镍硅（K 型）热电偶测温度，已知冷端温度为 40℃，用高精度毫伏表测得这时的热电动势为 29.188mV，求被测点温度。

实训项目 5　热电偶原理及现象

1.　实训目的

了解热电偶的原理及现象。

2.　所需单元及附件

−15V 不可调直流稳压电源、差动放大器、F/V 表、加热器、热电偶、水银温度计（自备）、主副电源。

3.　旋钮初始位置

F/V 表切换开关置 2V 挡，差动放大器增益最大。

4.　实训步骤

① 了解热电偶原理：两种不同的金属导体互相焊接成闭合回路时，当两个结点温度不同时回路中就会产生电流，这一现象称为热电效应，产生电流的电动势叫做热电动势。通常把两种不同金属的这种组合称为热电偶。

② 了解热电偶在实训仪上的位置及符号，实训仪所配的热电偶是由铜-康铜组成的简易热电偶，分度号为 T。它封装在双孔悬臂梁的下片梁的加热器里面（不可见）。

③ 按如图 5-18 所示接线，开启主、副电源，调节差动放大器调零旋钮，使 F/V 表显示零，记录下自备温度计测得的室温。

图 5-18　热电偶连接示意图

④ 将−15V 直流电源接入加热器的一端，加热器的另一端接地，观察 F/V 表显示值的变化，待显示值稳定不变时记录下 F/V 表显示的读数 E。

⑤ 用自备的温度计测出下片梁表面加热器处的温度 t 并记录下来。（注意：温度计的测温探头触及热电偶处附近的梁体即可。）

⑥ 根据热电偶的热电动势与温度之间的关系式 $E_{AB}(t,T_0) = E_{AB}(t,t_n) + E_{AB}(t_n,T_0)$ 进行测量。

式中，t——热电偶的热端（工作端或称测温端）温度；

　　　t_n——热电偶的冷端（自由端即热电动势输出端）温度，也就是室温；

　　　T_0——0℃。

a. 热端温度为 t，冷端温度为室温时热电动势：$E_{AB}(t,t_n) = E/100$，其中，E 为 F/V 表的读数，100 为差动放大器的放大倍数。

b. 热端温度为室温，冷端温度为 0℃，铜-康铜的热电势 $E_{AB}(t_n,T_0)$：查热电偶自由端为 0℃时的热电动势和温度的关系即铜-康铜热电偶分度表（表 5-3），得到室温（温度计测得）时的热电动势。

c. 计算热端温度为 t，冷端温度为 0℃时的热电动势 $E_{AB}(t,T_0)$，根据计算结果，查分度表（表 5-3）得到温度 t，将结果记录在表 5-4 中。

表 5-3				铜-康铜热电偶分度表（自由端温度 0℃）						
温度/℃	0	1	2	3	4	5	6	7	8	9
	热电动势/mV									
0−	−0.000	−0.039	−0.077	−0.116	−0.154	−0.193	−0.231	−0.269	−0.307	−0.345
0+	0.000	0.039	0.078	0.117	0.156	0.195	0.234	0.273	0.312	0.351
10	0.391	0.430	0.470	0.510	0.549	0.589	0.629	0.669	0.709	0.749
20	0.789	0.830	0.870	0.911	0.951	0.992	1.032	1.073	1.114	1.155
30	1.196	1.237	1.279	1.320	1.361	1.403	1.444	1.486	1.528	1.569
40	1.611	1.653	1.695	1.738	1.780	1.822	1.865	1.907	1.950	1.992
50	2.035	2.078	2.121	2.164	2.207	2.250	2.294	2.337	2.380	2.424
60	2.467	2.511	2.555	2.599	2.643	2.687	2.731	2.775	2.819	2.864
70	2.908	2.953	2.997	3.042	3.087	3.131	3.176	3.221	3.266	3.312
80	3.357	3.402	3.447	3.493	3.538	3.584	3.630	3.676	3.721	3.767
90	3.813	3.859	3.906	3.952	3.998	4.044	4.091	4.137	4.184	4.231
100	4.277	4.324	4.371	4.418	4.465	4.512	4.559	4.607	4.654	4.701

⑦ 将热电偶测得的温度值与自备温度计测得的温度值相比较。（注意：本实训仪所配的热电偶为简易热电偶，并非标准热电偶，主要目的是了解热电动势现象。）

表 5-4	热电偶测温记录表				
	被 测 量 值				
热电动势/mV					
热电偶所测温度/℃					
温度计所测温度/℃					
所测温度差/℃					

⑧ 实训完毕关闭主、副电源，关闭加热器−15V 电源（自备温度计测出温度后马上拆去−15V 电源连接线），其他旋钮置原始位置。

5. 思考题

① 为什么差动放大器接入热电偶后需再调差放零点？

② 即使采用标准热电偶按本实训方法测量温度也会有很大误差，为什么？

第6章

光电式传感器及应用

光电式传感器是以光电元件作为转化元件，将被测非电量通过光量的变化再转化成电量的传感器。光电式传感器一般由光源、光学元件和光电元件三部分组成。光电元件是构成光电式传感器最主要的部件。光电器件响应快、结构简单、使用方便，而且有较高的可靠性，因此在自动检测、计算机和控制系统中应用非常广泛。

光电式传感器的物理基础是光电效应。

6.1 光电效应及光电元器件

6.1.1 光电效应及分类

光电式传感器的工作原理是基于不同形式的光电效应。根据光的波粒二象性，我们可以认为光是一种以光速运动的粒子流，这种粒子称为光子。每个光子具有的能量 E 正比于光的频率 v，即

$$E= hv \qquad (6-1)$$

式中，h——普朗克常数，$h= 6.63 \times 10^{-34} j \cdot s$。

由此可见，对不同频率的光，其光子能量是不相同的，频率越高，光子能量越大。用光照射某一物体，可以看作物体受到一连串能量为 hv 的光子所轰击，组成该物体的材料吸收光子能量而发生相应电效应的物理现象称为光电效应。光电效应通常分为三类。

（1）外光电效应

在光线作用下能使电子逸出物体表面的现象称为外光电效应。基于外光电效应的光电元件有光电管、光电倍增管等。

（2）内光电效应

在光线作用下能使物体的电阻率改变的现象称为内光电效应。基于内光电效应的光电元件

有光敏电阻、光敏二极管、光敏三极管、光敏晶闸管等。

（3）光生伏特效应

在光线作用下，物体产生一定方向电动势的现象称为光生伏特效应。基于光生伏特效应的光电元件有光电池等。

第（1）类光电元件属于真空管元件，第（2）、（3）类属于半导体元件。

在光学中有两个常用的光学单位 Φ——流（明）（lm）和 E 勒［克斯］（lx）。Φ 流（明）是光通量的单位，所有的灯都以流明表征输出光通量的大小。E 勒［克斯］是照度的单位，它是表征受照物体被照程度的物理量。

6.1.2　光电管和光电倍增管

1.　光电管、光电倍增管的结构与工作原理

（1）光电管

光电管、光电倍增管是利用外光电效应制成的光电元件。光电管的结构如图 6-1 所示。真空玻璃壳内封装着半圆筒形金属片制成的阴极 K 和位于正中轴心的金属丝制成的阳极 A。当入射光照射到阴极 K 上时，每个光子就把它的能量传递到阴极表面的一个自由电子，使电子的能量增加到 hv。当电子获得的能量大于阴极材料的逸出功 A 时，自由电子就可以克服金属表面束缚而逸出，形成逸出电子。这种逸出的电子称为光电子，光电子逸出金属表面的初速度 v 可由爱因斯坦光电效应方程确定：

$$\frac{1}{2}mv^2 = hv - A \qquad (6\text{-}2)$$

式中，m——电子质量；

　　　A——阴极金属材料的逸出功。

由上式可知，当阴极金属材料选定后，要使阴极金属表面有电子逸出，入射光的频率 v 要大于某一最低限度，否则当 hv 小于 A 时，不管光通量有多大，都不可能有电子逸出，这个最低限度的频率称为红限。当 hv 大于 A 时，光通量越大，逸出的电子数目也越多，光电流 I_ϕ 就越大。

光电管正常工作时，阳极电位高于阴极电位。光电管符号及测量电路如图 6-2 所示。在入射光频率大于"红限"的前提下，当光电管阳极加上适当电压（几十伏）时，从阴极表面逸出的电子被具有正电压的阳极所吸引，在光电管中形成电流，称为光电流。

图 6-1　光电管的结构

图 6-2　光电管符号及测量电路

由于阴极材料的逸出功不同，所以不同材料的光电阴极对不同频率的入射光有不同的灵敏

度。人们可以根据检测对象是红外光、紫外光或可见光的不同而选择不同阴极材料的光电管，以便获得满意的灵敏度。

（2）光电倍增管

光电倍增管是一种能将微弱的光信号转换成可测电信号的真空电子器件。它有放大光电流的作用，灵敏度非常高、信噪比大、线性好，多用于微光测量。光电倍增管由两个主要部分构成：阴极室和若干光电倍增极组成的二次发射倍增系统，结构示意图如图 6-3 所示。从图中可以看到，光电倍增管也有一个阴极 K、一个阳极 A。与光电管不同的是，在它的阴极与阳极之间设置许多二次倍增极 D_1，D_2，D_3，…，它们又称为第 1 倍增极、第 2 倍增极…相邻电极之间通常加上 100V 左右的电压，其电位逐级提高，阴极电位最低；阳极电位最高，两者之差一般在 600～1 200V。

图 6-3 光电倍增管结构示意图

当微光照射阴极 K 时，从阴极 K 上逸出的光电子在 D_1 的电场作用下，以高速向倍增极 D_1 射去，产生二次发射，于是更多的二次发射的电子又在 D_2 电场作用下，射向第二倍增极，激发更多的二次发射电子，如此下去，一个光电子将激发多个二次发射电子，最后被阳极所收集。若每级的二次发射倍增率为 m，共有 n 级（通常可达 9～11 级），则光电倍增管阳极得到的光电流比普通光电管大 m^n 倍，因此光电倍增管的灵敏度极高。

图 6-4 为光电倍增管的基本电路。各倍增极的电压是用分压电阻 R_1，R_2，…，R_n 获得的，阳极电流流经电阻 R_L 得到输出电压 U_o。当用于测量稳定的辐射通量时，图中虚线连接的电容 C_1，C_2，…，C_n 和输出隔离电容 C_0 都可以省去。这时电路往往将电源正端接地，并且输出可以直接与放大器输入端连接。当入射光通量为脉冲量时，则应将电源的负端接地，因为光电倍增管的阴极接地比阳极接地有更低的噪声，此时输出端应接入隔离电容，同时各倍增极的并联电容亦应接入，以稳定脉冲工作时的各级工作电压，稳定增益并防止饱和。

2. 光电管特性

（1）光电特性

光电特性表示当阳极电压一定时，阳极电流 I 与入射在光电管阴极上光通量 Φ 之间的关系，如图 6-5 所示。光电特性的斜率（光电流与入射光光通量之比）称为光电管的灵敏度。

（2）伏安特性

当入射光的频谱及光通量一定时，阳极电流与阳极电压之间的关系称为光电管的伏安特性，如图 6-6 所示。当阳极电压比较低时，阴极所发射的电子只有一部分到达阳极，其余部分受光电子在真空中运动时所形成的负电场作用回到光电阴极。随着阳极电压的增高，光电流随之增大。当阴极发射的电子全部到达阳极时，阳极电流达到稳定，称为饱和状态。

图 6-4　光电倍增管的基本电路

图 6-5　光电管光电特性曲线

（3）光谱特性

由于光电管阴极对光谱有选择性，因此光电管对光谱也有选择性。保持光通量和阳极电压不变，阳极电流（或相对灵敏度）与光波长之间的关系叫光电管的光谱特性。图 6-7 所示中曲线 I、II 为铯氧银和锑化铯阴极对应不同波长光线的灵敏系数，III 为人的眼睛视觉特性。

此外，光电管尚有温度特性、疲劳特性、惯性特性、暗电流和衰老特性等，使用时应根据产品说明书和有关手册合理选用。

图 6-6　光电管伏安特性曲线

图 6-7　光电管光谱特性曲线

6.1.3　光敏电阻

光敏电阻又称光导管，是一种均质半导体光电元件。它具有灵敏度高、光谱响应范围宽、体积小、质量轻、机械强度高、耐冲击、耐振动、抗过载能力强和寿命长等特点。

1. 光敏电阻的工作原理和结构

光敏电阻的工作原理是基于内光电效应。在半导体光敏材料两端装上电极引线，将其封装在带透明窗的管壳内就构成光敏电阻，如图 6-8（a）所示。为了增加灵敏度，常将两电极做成梳状，如图 6-8（b）所示；图形符号如图 6-8（c）所示。

构成光敏电阻的材料有金属硫化物、硒化物、碲化物等半导体。当光照射到光电导体上时，若这个光电导体为本征半导体材料，而且光辐射能量又足够强，光导材料价带上的电子将激发到导带上去，从而使导带的电子和价带的空穴增加，致使光导体的电导率变大。为实现能级的跃迁，入射光的能量必须大于光导材料的禁带宽度。光照愈强，阻值愈低。入射光消失，电子-空穴对逐渐复合，电阻也逐渐恢复原值。为了避免外来干扰，光敏电阻外壳的入射孔使用一种能透过所要求光谱范围光线的透明保护窗（例如玻璃），有时用专门的滤光片做保护窗。为了避免灵敏度受潮湿的影响，因此将电导体严密封装在壳体中。

2. 光敏电阻的基本特性

（1）暗电阻和暗电流

置于室温、全暗条件下测得的稳定电阻值称为暗电阻，此时流过电阻的电流称为暗电流。这些是光敏电阻的重要特性指标。

（2）亮电阻和亮电流

置于室温、在一定光照条件下测得的稳定电阻值称为亮电阻，此时流过电阻的电流称为亮电流。

（3）伏安特性

光照度不变时，光敏电阻两端所加电压与流过电阻的光电流关系称为光敏电阻的伏安特性，如图 6-9 所示。从图中可知，伏安特性近似直线，但使用时应限制光敏电阻两端的电压，以免超过虚线所示的功耗区。因为光敏电阻都有最大额定功率、最高工作电压和最大额定电流，超过额定值可能导致光敏电阻的永久性损坏。

图 6-8 光敏电阻
（a）原理图　（b）外形图　（c）图形符号

图 6-9 光敏电阻的伏安特性

（4）光电特性

在光敏电阻两极间电压固定不变时，光照度与亮电流间的关系称为光电特性，如图 6-10 所示。光敏电阻的光电特性呈非线性，这是光敏电阻的主要缺点之一。

（5）光谱特性

光敏电阻的光谱特性，如图 6-11 所示。光敏电阻对不同波长的入射光，其对应光谱灵敏度不同，而且各种光敏电阻的光谱响应峰值波长也不同，所以在选用光敏电阻时，把元件和入射光的光谱特性结合起来考虑，才能得到比较满意的效果。

（a）光照/电阻特性　（b）光照/电流特性

图 6-10 某光敏电阻的光电特性

图 6-11 光敏电阻的光谱特性

（6）响应时间

光敏电阻受光照后，光电流并不立刻升到最大值，而要经历一段时间（上升时间）才能达到最大值。同样，光照停止后，光电流也需要经过一段时间（下降时间）才能恢复到其暗电流值，这段时间称为响应时间。光敏电阻的上升响应时间和下降响应时间约为（$10^{-1} \sim 10^{-3}$）s，故光敏电阻不能适用于要求快速响应的场合。

（7）温度特性

光敏电阻和其他半导体器件一样，受温度影响较大。随着温度的上升，它的暗电阻和灵敏度都下降。

3. 光敏电阻材料

常用光电导材料如表 6-1 所示。

表 6-1　　　　　　　　　　　　　常用光电导材料

光电导器件材料	禁带宽度/eV	光谱响应范围/nm	峰值波长/nm
硫化镉（CdS）	2.45	400~800	515~550
硒化镉（CdSe）	1.74	680~750	720~730
硫化铅（PbS）	0.40	500~3 000	2 000
碲化铅（PbTe）	0.31	600~4 500	2 200
硒化铅（PbSe）	0.25	700~5 800	4 000
硅（Si）	1.12	450~1 100	850
锗（Ge）	0.66	550~1 800	1 540
锑化铟（InSb）	0.16	600~7 000	5 500
砷化铟（InAs）	0.33	1 000~4 000	3 500

6.1.4　光敏晶体管

光敏晶体管包括光敏二极管、光敏三极管、光敏晶闸管，它们的工作原理是基于内光电效应。光敏三极管的灵敏度比光敏二极管高，但频率特性较差，目前广泛应用于光纤通信、红外线遥控器、光电耦合器、控制伺服电机转速的检测、光电读出装置等场合。光敏晶闸管主要应用于光控开关电路。

1. 光敏晶体管结构与工作原理

（1）光敏二极管

光敏二极管的结构与普通半导体二极管一样，都有一个 PN 结和两根电极引线，而且都是非线性器件，具有单向导电性能。不同之处在于光敏二极管的 PN 结装在管壳的顶部，可以直接受到光的照射。其结构和工作原理如图 6-12 所示。

光敏二极管在电路中通常处于反向偏置状态，如图 6-13 所示。当没有光照射时，其反向电阻很大，反向电流很小，这种反向电流称为暗电流。当有光照射时，PN 结及其附近产生电子—空穴对，它们在反向电压作用下参与导电，形成比无光照射时大得多的反向电流，这种电流称为光电流。入射光的照度增强，产生的电子—空穴对数量也随之增加，光电流也相应增大，光电流与光照度成正比。

（a）外形图　　　　　　　　　　（b）内部组成

（c）管芯结构　　　　　　（d）结构简化图　　　　（e）图形符号

图6-12　光敏二极管　　　　　　　　图6-13　光敏二极管的反向偏置接法

1—负极引脚　2—管芯　3—外壳　4—玻璃聚光镜　5—正极引脚

6—N型衬底　7—SiO$_2$保护圈　8—SiO$_2$透明保护层

9—铝引出电极　10—P型扩散层

11—PN结　12—金属引出线

目前还研制出一种雪崩式光敏二极管（APD）。由于利用了二极管PN结的雪崩效应（工作电压达100V左右），所以灵敏度极高，响应速度极快，可达数百兆赫，可用于光纤通信及微光测量。

（2）光敏三极管

光敏三极管有两个PN结，从而可以获得电流增益。具有比光敏二极管更高的灵敏度，其结构、等效电路、图形符号及应用电路分别如图6-14（a）、（b）、（c）、（d）、（e）所示，光线通过透明窗口照射在集电结上。当电路按如图6-14（d）、（e）所示连接时，集电结反偏，发射结正偏。与光敏二极管相似，入射光使集电结附近产生电子—空穴对，电子受集电结电场吸引流向集电区；基区留下的空穴形成"纯正电荷"，使基区电压提高，致使电子从发射区流向基区，由于基区很薄，所以只有一小部分从发射区来的电子与基区空穴结合，而大部分电子穿过基区流向集电区；这一过程与普通三极管的放大作用相类似。集电极电流是原始光电电流的β倍。因此，光敏三极管比光敏二极管的灵敏度高许多倍。

（3）光敏晶闸管

光敏晶闸管（LCR）又称为光控晶闸管，如图6-15所示。它有3个引出电极，即阳极A、阴极K和控制极G；另有3个PN结，即J$_1$、J$_2$、J$_3$。与普通晶闸管不同之处是，光敏晶闸管的顶部有一个透明玻璃透镜，能把光线集中照射到J$_2$上。图6-15（b）所示为它的典型应用电路，光敏晶闸管的阳极接正极，阴极接负极，控制极通过电阻R_G与阴极相接。这时，J$_1$、J$_3$正偏；J$_2$反偏，晶闸管处于正向阻断状态。当有一定照度的入射光通过玻璃透镜照射到J$_2$上时，在光能的激发下，J_2 附近产生大量的电子—空穴对，它们在外电压作用下，穿过 J_2 阻挡层，产生控制电流，从而使光敏晶闸管从阻断状态变为导通状态。电阻 R_G 为光敏晶闸管的灵敏度调节电阻，调节 R_G 的大小，可以使晶闸管在设定的照度下导通。

| （a）结构 | （b）等效电路 | （c）图形符号 | （d）应用电路 | （e）应用电路 |

图 6-14　光敏三极管

光敏晶闸管的特点是工作电压很高，有的可达数百伏，导通电流比光敏三极管大得多，因此输出功率很大，广泛应用在自动检测控制和日常生活中。

2. 光敏晶体管的基本特性

光敏晶体管的基本特性包括光谱特性、伏安特性、光电特性、温度特性、频率特性等。

（1）光谱特性

光敏晶体管在入射光照度一定时，输出的光电流（或相对灵敏度）随光波波长的变化而变化。一种晶体管只对一定波长的入射光敏感，这就是它的光谱特性，如图 6-16 所示。从图中可以看出，不管是硅管还是锗管，当入射光波长超过一定值时，波长增加，相对灵敏度下降，这是因为光子能量太小，不足以激发电子—空穴对。当入射光波长太短时，由于光波穿透能力下降，光子只在晶体管表面激发电子—空穴对，而不能达到 PN 结，因此相对灵敏度也下降。

| （a）结构及图形符号 | （b）应用电路 |

图 6-15　光敏晶闸管

图 6-16　光敏晶体管的光谱特性
1—硅光敏晶体管　2—锗光敏晶体管

从曲线上还可以看出，不同材料的光敏晶体管，其光谱响应峰值波长也不相同。硅管的峰值波长为 1.0μm 左右，锗管为 1.5μm 左右，由此可以确定光源与光电器件的最佳配合。由于锗管的暗电流比硅管大，因此锗管性能较差。故在探测可见光或炽热物体时，都用硅管；而在对红外线进行探测时，采用锗管较为合适。

（2）伏安特性

光敏三极管在不同照度下的伏安特性，就像普通三极管在不同基极电流下的输出特性一样，如图 6-17 所示。在这里改变光照就相当于改变普通三极管的基极电流，从而得到这样一簇曲线。

（3）光电特性

外加偏置电压一定时，光敏晶体管的输出电流和光照度的关系称为光电特性。一般来说，光敏二极管光电特性的线性较好，而光敏三极管在照度较小时，光电流随照度增加较小，并且在照度足够大时，输出电流有饱和现象。这是由于光敏三极管的电流放大倍数在小电流和大电流时都会下降的缘故。图 6-18 中所示曲线 1、曲线 2 分别为某种型号的光敏二极管、光敏三极管的光电特性。

图 6-17　光敏三极管的伏安特性

图 6-18　光敏晶体管的光电特性
1—光敏二极管的光电特性　2—光敏三极管的光电特性

（4）温度特性

温度变化对亮电流的影响较小，但对暗电流的影响相当大，并且是非线性的，这将给微光测量带来误差，如图 6-19 所示。为此，在外电路中可以采取温度补偿方法，如果采用调制光信号交流放大，由于隔直电容的作用，可使暗电流隔断，消除温度影响。

（5）频率特性

光敏晶体管受调制光照射时，相对灵敏度与调制频率的关系称为频率特性，如图 6-20 所示。减少负载电阻能提高响应频率，但输出降低。一般来说，光敏三极管的频率响应比光敏二极管差得多，锗光敏三极管的频率响应比硅管小一个数量级。

（6）响应时间

工业用的硅光敏二极管的响应时间为 $10^{-5} \sim 10^{-7}$s，光敏三极管的响应时间比相应的二极管约慢一个数量级，因此在要求快速响应或入射光调制频率比较高时应选用硅光敏二极管。

图 6-19　光敏晶体管的温度特性
1—输出电流　2—暗电流

图 6-20　光敏晶体管的频率特性

6.1.5　光电池

光电池的工作原理是基于光生伏特效应，当光照射到光电池上时，可以直接输出光电流。常用的光电池有两种，一种是金属—半导体型；另一种是 PN 结型，如硒光电池、硅光电池、锗光电池等，如图 6-21（a）所示。现以硅光电池为例说明光电池的结构及工作原理。

1.　光电池的结构及工作原理

图 6-21（b）和（c）所示分别为光电池结构示意图与图形符号。通常是在 N 型衬底上掺入 P 型杂质形成一个大面积的 PN 结，作为光照敏感面。当入射光子的能量足够大时，即光子能量 hv 大于硅的禁带宽度，P 型区每吸收一个光子就产生一对光生电子-空穴对，光生电子—空穴对的浓度从表面向内部迅速下降，形成由表及里扩散的自然趋势。由于 PN 结内电场的方向是由 N 区指向 P 区，它使扩散到 PN 结附近的电子—空穴对分离，光生电子被推向 N 区，光生空穴被留在 P 区，从而使 N 区带负电，P 区带正电，形成光生电动势。若用导线连接 P 区和 N 区，电路中就有电流流过。

（a）常见硅光电池　　　　　　（b）结构示意图　　　　　（c）图形符号

图 6-21　光电池

2.　光电池的基本特性

（1）光谱特性

光电池对不同波长的光有不同的灵敏度。图 6-22 所示为硅光电池和硒光电池的光谱特性曲线。从图中可知，不同材料的光电池对各种波长的光波灵敏度不同。硅光电池的适用范围宽，对应的入射光波长可在 0.45～1.1μm；而硒光电池只能在 0.34～0.57μm 的波长范围，它适用于可见光检测。

在实际使用中可根据光源光谱特性选择光电池，也可根据光电池的光谱特性确定应该使用的光源。

（2）光电特性

硅光电池的负载电阻不同，输出电压和电流也不同。图 6-23 所示中的曲线 1 为负载开路时的"开路电压"特性曲线，曲线 2 为负载短路时的"短路电流"特性曲线。开路电压与光照度的关系是非线性的，并且在 2 000lx 照度以上时趋于饱和。而短路电流在很大范围内与光照度成线性关系，负载电阻越小，线性关系越好，而且线性范围越宽。当负载电阻短路时，光电流在很大程度上与光照度成线性关系，因此当测量与光照度成正比的其他非电量时，应把光电池作为电流源来使用，当被测非电量是开关量时，可以把光电池作为电压源来使用。

图 6-22　光电池的光谱特性

1—硅光电池　2—硒光电池

图 6-23　硅光电池的光电特性

1—开路电压特性曲线　2—短路电流特性曲线

（3）温度特性

光电池的开路电压和短路电流随温度变化的关系称为温度特性，如图 6-24 所示。从图中可以看出，光电池的光电压随温度变化有较大变化，温度越高，电压越低，而光电流随温度变化很小。当仪器设备中的光电池作为检测元件时，应考虑温度漂移的影响，要采用各种温度补偿措施。

（4）频率特性

频率特性是指输出电流与入射光的调制频率之间的关系。当光电池受到入射光照射，产生电子—空穴对需要一定时间，入射光消失，电子—空穴对的复合也需要一定时间，因此，当入射光的调制频率太高时，光电池的输出光电流将下降，如图 6-25 所示。硅光电池的频率特性较好，工作调制频率可达数十千赫至数兆赫。而硒光电池的频率特性较差，目前已很少使用。

图 6-24　光电池的温度特性

图 6-25　光电池的频率特性

3.　短路电流的测量

在光电特性中谈到，光电流与照度成线性关系，当负载电阻短路时，线性关系最好，线性范围更宽。一般测量仪器很难做到负载为零，而采用集成运算电路较好地解决了这个问题。图 6-26 为光电池短路电流的测量电路。由于运算放大器的开环放大倍数 $A_{od} \rightarrow \infty$，所

以 $U_{AB} \rightarrow 0$，A 点为 0 电位（虚地）。从光电池的角度来看，相当于 A 点对地短路，所以光电池的负载电阻值为 0，产生的光电流为短路电流。根据运算放大器的"虚断"性质，则输出电压 U_o 为

$$U_o = -U_{Rf} = -I_\phi R_f \qquad (6-3)$$

从上式可知，该电路的输出电压 U_o 与光电流 I_ϕ 成正比，从而达到电流/电压转换关系。

图 6-26　光电池短路电流测量电路

6.1.6　光电耦合器件

光电耦合器件是由发光元件（如发光二极管）和光电接收元件合并使用，以光作为媒介传递信号的光电器件。光电耦合器中的发光元件通常是半导体的发光二极管，光电接收元件有光敏电阻、光敏二极管、光敏三极管和光敏晶闸管等。根据其结构和用途不同，又可分为用于实现电隔离的光电耦合器和用于检测有无物体的光电开关。

1.　光电耦合器

光电耦合器的发光和接收元件都封装在一个外壳内，一般有金属封装和塑料封装两种。光电耦合器常见的组合形式如图 6-27 所示。

如图 6-27（a）所示的组合形式结构简单，成本较低，且输出电流较大，可达 100mA，响应时间为 3～4μs。图 6-27（b）形式结构简单，成本较低，响应时间快，约为 1μs，但输出电流小，在 50～300μA 之间。图 6-27（c）形式传输效率高，适用于较低频率的装置中。图 6-27（d）是一种高速、高传输效率的新型器件。对图 6-27 中所示无论何种形式，为保证其有较佳的灵敏度，都考虑了发光与接收波长的匹配。

光电耦合器实际上是一个电量隔离转换器，它具有抗干扰性能和单向信号传输功能，广泛应用在电路隔离、电平转换、噪声抑制、无触点开关及固态继电器等场合。

2.　光电开关

光电开关是一种利用感光元件对变化的入射光加以接收，并进行光电转换，同时加以某种形式的放大和控制，从而获得最终的"开"、"关"信号的器件。

图 6-28 所示为典型的光电开关结构图。图 6-28（a）为一种透射式的光电开关，它的发光元件和接收元件的光轴是重合的。当不透明的物体位于或经过它们之间时，会阻断光路，使接收元件接收不到来自发光元件的光，这样起到检测作用。图 6-28（b）为一种反射式的光电开关，它的发光元件和接收元件的光轴在同一平面且以某一角度相交，交点一般即为待测物所在处。当有物体经过时，接收元件将接收到从物体表面反射的光，没有物体时则接收不到反射光。光电开关的特点是小型、高速、非接触，而且与 TTL、MOS 等电路容易结合。

用光电开关检测物体时，大部分只要求其输出信号有"高—低"之分即可。图 6-29 为基本电路的示例。图 6-29（a）和图 6-29（b）表示负载为 CMOS 比较器等高输入阻抗电路时的情况，图 6-29（c）表示用晶体管放大光电流的情况。

图 6-27　光电耦合器组合形式

图 6-28　典型的光电开关结构
1—发光元件　2—接收元件　3—壳体
4—导线　5—反射物　6—窗体

图 6-29　光电开关的基本电路

光电开关广泛应用于工业控制、自动化包装线及安全装置中，作为光控制和光探测装置。可在自控系统中用作物体检测、产品计数、料位检测、尺寸控制、安全报警及计算机输入接口等用途。

3. 光电断续器

光电断续器的工作原理与光电开关相同，但其光电发射器、接收器放置于一个体积很小的塑料壳体中，所以两者能可靠地对准，其外形如图 6-30 所示。光电断续器也可分为遮断型和反射型两种。

（a）遮断型　　　　　　　　　　　　　　（b）反射型

图 6-30　光电断续器
1—发光二极管　2—红外光　3—光电元件　4—槽　5—被测物

光电式传感器属于非接触式测量装置，它通常由光源、光学通路和光电元件三部分组成。按照被测物、光源、光电元件三者之间的关系，通常有以下四种类型，如图 6-31 所示。

（1）光源本身是被测物。被测物发出的光投射到光电元件上，光电元件的输出反映了某些物理参数，如图 6-31（a）所示。光电高温比色温度计、照相机照度测量装置、光照度表等运用了这种原理。

（2）恒定光源发出的光通量穿过被测物。其中一部分被吸收，另一部分投射到光电元件上，吸收量取决于被测物的某些参数，如图 6-31（b）所示。透明度、混浊度的测量即运用了这种原理。

（3）恒定光源发出的光通量投射到被测物上，然后从被测物反射到光电元件上。反射光的强弱取决于被测物表面的性质和形状，如图 6-31（c）所示。这种原理应用在测量纸张的粗糙度、纸张的白度等方面。

（4）被测物处在恒定光源与光电元件的中间。被测物阻挡住一部分光通量，从而使光电元件的输出反映了被测物的尺寸或位置，如图 6-31（d）所示。这种原理可用于检测工件尺寸大小、工件的位置、振动等场合。

（a）被测物是光源　　　　　　　（b）被测物吸收光通量

（c）被测物是有反射能力的表面　　（d）被测物遮蔽光通量

图 6-31　光电式传感器的几种形式

1—被测物　2—光电元件　3—恒光源

1. 高温比色温度仪

根据有关的辐射定律，物体在两个特定波长 λ_1、λ_2 上的辐射强度 I_{λ_1}、I_{λ_2} 之比与该物体的温度成指数关系，即

$$I_{\lambda_1} / I_{\lambda_2} = K_1 e^{-K_2/T} \tag{6-4}$$

式中，K_1、K_2——与 λ_1、λ_2 及物体的黑度有关的常数。

因此，我们只要测出 I_{λ_1} 与 I_{λ_2} 之比，就可根据式（6-4）算出物体的温度 T。由此原理可以使用光电池制作非接触测温的高温比色温度仪。图 6-32 为高温比色温度仪的原理图。

图 6-32　高温比色温度仪原理图

1—高温物体　2—物镜　3—半反半透镜　4—反射镜　5—目镜　6—观察者眼睛　7—光阑　8—光导棒

9—分光镜　10、12—滤光片　11、13—硅光电池　14、15—电流/电压转换器

　　测温对象发出的光线经物镜 2 投射到"半反半透镜" 3 上，它将光线分为两路，一路光线经反射镜 4、目镜 5 到达观察者的眼睛，以便对测温对象进行瞄准；另一路光线穿过"半反半透镜"成像于光阑（成像小孔）7，通过光导棒 8 混合均匀后投射到"分光镜" 9，分光镜可以使红外光通过，可见光反射。红外光透过分光镜到达滤光片 10，滤光片的功能是进一步起滤波作用，只让红外线某一特定频率 λ_1 的光线通过，最后被硅光电池 11 吸收，转换为与 I_{λ_1} 成正比的光电流 I_1。滤光片 12 的作用是使可见光某一特定频率 λ_2 的光线穿过，最后被硅光电池 13 吸收，产生与 I_{λ_2} 成正比的光电流 I_2。电流/电压转换器 14、15 分别把光电流 I_1、I_2 转换为电压 U_1、U_2，再经过运算电路算出 U_1/U_2 值。由于 U_1/U_2 值正比于 $I_{\lambda_1}/I_{\lambda_2}$ 的值。可以根据式（6-4）采用计算机进一步算出被测物体的温度 T，由显示器显示出来。

2. 光电比色计

　　这是一种化学分析的仪器，如图 6-33 所示，光源 1 发出的光分为左右两束相等强度的光线。其中一束穿过透镜 2，经滤色镜 3 把光线提纯，再通过标准样品 4 投射到光电池 7 上，另一束光线经过同样方式穿过被检测样品 5 到达光电池 6 上。两光电池产生的电信号同时输送给差动放大器 8，放大器输出端的放大信号经指示仪表 9 指示出两样品的差值。由于被检测样品在颜色、成分或浑浊度等某一方面与标准样品的不同，导致两光电池接收到的透射光强度不等，从而使光电池转换出来的电信号大小不同，经放大器放大后，用指示仪表显示出来，由此被测样品的某项指标即可被检测出来。

图 6-33　光电比色计原理图

1—光源　2—透镜　3—滤色镜　4—标准样品　5—被检测样品

6、7—光电池　8—差动放大器　9—指示仪表

　　由于使用公共光源，不管光线强弱如何，光源光通量不稳定带来的变化可以被抵消，故其测量精度高。但两光电池的性能不可能完全一样，由此会带来一定误差。

3. 光电式带材跑偏检测装置

　　带材跑偏检测装置是用来检测带型材料在加工过程中偏离正确位置的大小与方向，从而为

纠偏控制电路提供纠偏信号。例如，在冷轧带钢厂中，某些工艺采用连续生产方式，如连续酸洗、退火、镀锡等，带钢在上述运动过程中，很容易产生带材走偏。在其他很多工业部门的生产工艺，如造纸、电影胶片、印染、录像带、录音带、喷绘等生产过程中也存在类似情况。带材走偏时，其边沿与传送机械发生接触摩擦，造成带材卷边、撕边或断裂，出现废品，同时也可能损坏传送机械。因此，在生产过程中必须有带材跑偏纠正装置。光电带材跑偏检测装置由光电式边沿位置传感器、测量电桥和放大电路组成。

如图 6-34（a）所示，光电式边沿位置传感器的白炽灯 2 发出的光线经透镜 3 会聚为平行光线投射到透镜 4，由透镜 4 会聚到光敏电阻 5（R_1）上。在平行光线投射的路径中，有部分光线被带材遮挡一半，从而使光敏电阻接受到的光通量减少一半。如果带材发生了往左（或往右）跑偏，则光敏电阻接受到的光通量将增加（或减少）。图 6-34（b）为测量电路简图。R_1、R_2 为同型号的光敏电阻，R_1 作为测量元件安置在带材边沿的下方，R_2 用遮光罩罩住，起温度补偿作用。当带材处于中间位置时，由 R_1、R_2、R_3、R_4 组成的电桥平衡，放大器输出电压 U_o 为零。当带材左偏时，遮光面积减少，光敏电阻 R_1 的阻值随之减少，电桥失去平衡，放大器将这一不平衡电压加以放大，输出负值电压 U_o，反映出带材跑偏的大小与方向。反之，带材右偏，放大器输出正值电压 U_o。输出电压可以用显示器显示偏移方向与大小，同时可以供给执行机构，纠正带材跑偏的偏移量。R_P 为微调电桥的平衡电阻。

（a）光电检测装置　　　　　（b）测量电路

图 6-34　光电式边沿位置检测装置

1—被测带材　2—光源　3、4—透镜　5—光敏电阻　6—遮光罩

4. 物体长度及运动速度的检测

在实际工作中，经常要检测工件的运动速度或长度，如图 6-35 所示，就是利用光电元件检测运动物体的速度。

当工件自左向右运动时，光源 A 的光线首先被遮断，光敏元件 V_A 输出低电平，触发 RS 触发器，使其置"1"，与非门打开，高频脉冲可以通过，计数器开始计数。当工件经过设定的 S_0 距离而遮断光源 B 时，光敏元件 V_B 输出低电平，RS 触发器置"0"，与非门关断，计数器停止计数。若高频脉冲的频率 $f = 1\text{MHz}$，周期 $T = 1\mu\text{s}$，计数器所计脉冲数为 N，则可得出工件通过已知距离 S_0 所耗时间为 $t = NT = N\mu\text{s}$，则工件的运动平均速度 $v = S_0/t = S_0/NT$。

要测出该工件的长度，读者可根据上述原理自行分析。

图 6-35　光电检测运动物体的速度（长度）示意图

1—光源 A　2—光敏元件 V_A　3—运动物体（工件）　4—光源 B　5—光敏元件 V_B　6—RS 触发器

6.3
光纤传感器

6.3.1　光纤传感器概述

光纤传感器是 20 世纪 70 年代中期发展起来的一门新技术，它是伴随着光纤及光通信技术的发展而逐步形成的。

光纤传感器与传统的各类传感器相比有一系列优点，如不受电磁干扰、体积小、质量轻、可挠曲、灵敏度高、耐腐蚀、电绝缘、防爆性好、易与微机连接、便于遥测等。它能用于温度、压力、应变、位移、速度、加速度、磁、电、声和 pH 值等各种量的测量，具有极为广泛的应用前景。

光纤传感器可以分为两大类：一类是功能型（传感型）传感器；另一类是非功能型（传光型）传感器。功能型传感器是利用光纤本身的特性把光纤作为敏感元件，被测量对光纤内传输的光进行调制，使传输的光的强度、相位、频率或偏振态等特性发生变化，再通过对被调制过的信号进行解调，从而得出被测信号。非功能型传感器是利用其他敏感元件感受被测量的变化，光纤仅作为信息的传输介质。

光纤传感器所用光纤有单模光纤和多模光纤。单模光纤的纤芯直径通常为 $2\sim12\mu m$，很细的纤芯半径接近于光源波长的长度，仅能维持一种模式传播，一般相位调制型和偏振调制型的光纤传感器采用单模光纤；光强度调制型或传光型光纤传感器多采用多模光纤。

为了满足特殊要求，出现了保偏光纤、低双折射光纤、高双折射光纤等。采用新材料研制特殊结构的专用光纤是光纤传感技术发展的方向。

6.3.2　光纤的结构和传输原理

1.　光纤的结构

光导纤维简称为光纤，如图 6-36（a）所示，目前基本上还是采用石英玻璃材料。其结构如图 6-36（b）所示，中心的圆柱体叫做纤芯，围绕着纤芯的圆形外层叫做包层。纤芯和包层主要由不同掺杂的石英玻璃制成。纤芯的折射率 n_1 略大于包层的折射率 n_2，在包层外面还常有一层保护套，多为尼龙材料。光纤的导光能力取决于纤芯和包层的性质，而光纤的机械强度由保护套维持。

2.　光纤的传输原理

众所周知，光在空间是直线传播的。在光纤中，光的传输限制在光纤中，并随光纤能传送到很远的距离，光纤的传输是基于光的全内反射。

当光纤的直径比光的波长大很多时，可以用几何光学的方法来说明光在光纤内的传播。设有一段圆柱形光纤，纤芯的折射率为 n_1 包层的折射率为 n_2，如图 6-37 所示，它的两个端面均为光滑的平面。当光线射入一个端面并与圆柱的轴线成 θ 角时，根据斯涅耳光的折射定律，在光纤内折射角为 θ'，然后以 φ 角入射至纤芯与包层的界面。若要在界面上发生全反射，则纤芯与界面的光线入射角 φ 应大于临界角 φ_c，即

（a）光纤实物　　　　　　　（b）光纤结构

图 6-36　光纤

图 6-37　光纤的传光原理

$$\varphi \geqslant \varphi_c = \arcsin \frac{n_2}{n_1} \qquad (6\text{-}5)$$

并在光纤内部以同样的角度反复逐次反射，直至传播到另一端面。

为满足光在光纤内的全内反射，光入射到光纤端面的临界入射角 θ_c 应满足下式。

$$n_1 \sin \theta' = n_1 \sin\left(\frac{\pi}{2} - \varphi_c\right) = n_1 \cos \varphi_c$$
$$= n_1 \sqrt{1 - \sin^2 \varphi_c} = \sqrt{n_1^2 - n_2^2} \qquad (6\text{-}6)$$

所以

$$n_0 \sin \theta_c = \sqrt{n_1^2 - n_2^2}$$ （6-7）

实际工作时需要光纤弯曲，但只要满足全反射条件，光线仍继续前进。可见这里的光线"转弯"实际上是由光的全反射所形成的。

一般光纤所处环境为空气，则 $n_0=1$。这样在界面上产生全反射，在光纤端面上的光线入射角为

$$\theta \leqslant \theta_c = \arcsin \sqrt{n_1^2 - n_2^2}$$

光纤集光本领的术语叫数值孔径 N_A，即

$$N_A = \sin\theta_c = \sqrt{n_1^2 - n_2^2}$$ （6-8）

数值孔径反映纤芯接收光量的多少。其意义是：无论光源发射功率有多大，只有入射光处于 $2\theta_c$ 的光锥内，光纤才能导光。如入射角过大，如图 6-37 所示的角 θ_r，经折射后不能满足式（6-5）的要求，光线便从包层逸出而产生漏光。所以 N_A 是光纤的一个重要参数。一般希望有大的数值孔径，这有利于耦合效率的提高，但数值孔径过大，会造成光信号畸变，所以要适当选择数值孔径的数值。

6.3.3　光纤传感器的应用

光纤传感器由于它独特的性能而受到广泛的重视，它的应用正在迅速地发展。下面我们介绍几种主要的光纤传感器。

1. 光纤加速度传感器

光纤加速度传感器的结构组成如图 6-38 所示。它是一种简谐振子的结构形式。激光束通过分光板后分为两束光，透射光作为参考光束，反射光作为测量光束。当传感器感受加速度时，由于质量块对光纤的作用，从而使光纤被拉伸，引起光程差的改变。相位改变的激光束由单模光纤射出后与参考光束会合产生干涉效应。激光干涉仪的干涉条纹

图 6-38　光纤加速度传感器组成结构简图

的移动可由光电接收装置转换为电信号，经过处理电路处理后便可正确地测出加速度值。

2. 液位的检测技术

（1）球面光纤液位传感器

如图 6-39 所示，光由光纤的一端导入，在球状对折端部一部分光透射出去，而另一部分光反射回来，由光纤的另一端导向探测器。反射光强的大小取决于被测介质的折射率。被测介质的折射率与光纤折射率越接近，反射光强度越小。显然，传感器处于空气中时比处于液体中时的反射光强要大。因此，该传感器可用于液位报警。若以探头在空气中时的反光强度为基准，则当接触水时反射光强变化-6～-7dB，接触油时变化-25～-30dB。

（a）探头结构图　　　　　　　　　　（b）检测原理图

图 6-39　球面光纤液位传感器

（2）斜端面光纤液位传感器

图 6-40 为反射式斜端面光纤液位传感器的结构。同样，当传感器接触液面时，将引起反射回另一根光纤的光强减小。这种形式的探头在空气中和水中时，反射光强度差在 20dB 以上。

（3）单光纤液位传感器

单光纤液位传感器的结构如图 6-41 所示，将光纤的端部抛光成 45° 的圆锥面。当光纤处于空气中时，入射光大部分能在端部满足全反射条件而返回光纤。当传感器接触液体时，由于液体的折射率比空气大，使一部分光不能满足全反射条件而折射入液体中，返回光纤的光强就减小。利用 X 形耦合器即可构成具有两个探头的液位报警传感器。同样，若在不同的高度安装多个探头，则能连续监视液位的变化。

（a）　　　　　　　　（b）

图 6-40　反射式斜端面光纤液位传感器

1、2—光纤　3—棱镜

图 6-41　单光纤液位传感器结构

1—光纤　2—X 形耦合器

6.4 红外传感器

红外技术是最近几十年发展起来的一门新兴技术。它已在科技、国防和工农业生产等领域获得了广泛的应用。红外传感器按其应用可分为以下几方面。

① 红外辐射计。用于辐射和光谱辐射测量。

② 搜索和跟踪系统。用于搜索和跟踪红外目标，确定其空间位置并对它的运动进行跟踪。

③ 热成像系统。可产生整个目标红外辐射的分布图像，如红外图像仪、多光谱扫描仪等。

④ 红外测距和通信系统。

⑤ 混合系统。是指以上各类系统中的两个或多个的组合。

6.4.1　红外辐射

红外辐射俗称红外线，它是一种不可见光，由于是位于可见光中红色光以外的光线，故称红外线。它的波长范围大致在 0.76～1 000μm，红外线在电磁波谱中的位置如图 6-42 所示。工程上又把红外线所占据的波段分为 4 部分，即近红外、中红外、远红外和极远红外。

图 6-42　电磁波谱图

红外辐射的物理本质是热辐射。一个炽热物体向外辐射的能量大部分是通过红外线辐射出来的。物体的温度越高，辐射出来的红外线越多，辐射的能量就越强。而且红外线被物体吸收时，可以显著地转变为热能。

红外辐射和所有电磁波一样，是以波的形式在空间直线传播的。它在大气中传播时，大气层对不同波长的红外线存在不同的吸收带，红外线气体分析器就是利用该特性工作的，空气中对称的双原子气体，如 N_2、O_2、H_2 等不吸收红外线。而红外线在通过大气层时，有三个波段透过率高，它们是 2～2.6μm、3～5μm 和 8～14μm，统称它们为"大气窗口"。这三个波段对红外探测技术特别重要，因为红外探测器一般都工作在这三个波段（大气窗口）之内。

6.4.2　红外探测器

红外传感器一般由光学系统、探测器、信号调理电路及显示系统等组成。红外探测器是红外传感器的核心。红外探测器种类很多，常见的有两大类：热探测器和光子探测器。

1.　热探测器

热探测器是利用红外辐射的热效应，探测器的敏感元件吸收辐射能后引起温度升高，进而使有关物理参数发生相应变化，通过测量物理参数的变化，便可确定探测器所吸收的红外辐射。与光子探测器相比，热探测器的探测率比光子探测器的峰值探测率低，响应时间长。热探测器主要优点是响应波段宽，响应范围可扩展到整个红外区域，可以在室温下工作，使用方便，应用仍相当广泛。

热探测器主要类型有热释电型、热敏电阻型、热电偶型和气体型探测器。而热释电探测器在热探测器中探测率最高，频率响应最宽，所以这种探测器倍受重视，发展很快。这里主要介绍热释电探测器。

（1）热释电红外探测器工作原理

热释电红外探测器由具有极化现象的热晶体或被称为"铁电体"的材料制成。"铁电体"的极化强度（单位面积上的电荷）与温度有关。当红外辐射照射到已经极化的铁电体薄片表面上时，引起薄片温度升高，使其极化强度降低，表面电荷减少，这相当于释放一部分电荷，所以叫做热释电传感器。如果将负载电阻与铁电体薄片相连，则负载电阻上便产生一个电信号。输出信号的强弱取决于薄片温度变化的快慢，从而反映出入射的红外辐射的强弱，热释电红外传感器的电压响应率正比于入射光辐射率变化的速率。

（2）热释电红外探测器的结构

热释电红外探测器的结构如图 6-43 所示。敏感元件通常采用热晶体（或被称为"铁电体"），其上、下表面做成电极，表面上加一层黑色氧化膜，如图 6-44 所示，用于提高转换效率。由于它的输出阻抗极高，而且输出信号极其微弱，故在其内部装有场效应管（FET）及基极厚膜电阻 R_G、R_S，如图 6-45 所示，以进行信号放大及阻抗变换。

图 6-43　热释电红外探测器结构　　　　图 6-44　热晶体

图 6-45　热释电红外探测器内部　　图 6-46　双元件通用型热释电　　图 6-47　热释电红外传感器
　　　电路结构　　　　　　　　　红外传感器内部电路结构　　　　　两种常见封装形式

热释电红外探测器按其内部安装敏感元件数量的多少可分为单元件、双元件、四元件及特殊形式等几种。最常见的是双元件型，如 P228 就是一种双元件通用型热释电红外传感器，其内部电路结构如图 6-46 所示。所谓双元件是指在一个传感器中有两个反相串联的敏感元件。双元件传感器有以下优点。

① 当入射能量顺序地射到两个元件上时，其输出要比单元件高一倍。

② 由于两个敏感元件逆向串联使用，对于同时输入的能量会相互抵消，由此可防止太阳的红外线引起的误动作。

③ 常用的热晶体元件具有压电效应，故双元件结构能消除因震动而引起的检测误差。

④ 可以防止因环境温度变化而引起的检测误差。

热释电红外传感器常采用金属外壳 TO-5 封装及塑料 TO-92 封装两种形式，如图 6-47 所示。

由于人体放射的远红外线能量十分微弱，直接由热释电红外传感器接收灵敏度很低，控制距离一般只有 1～2m，远远不能满足要求，必须配以良好的光学透镜才能实现较高的接收灵敏度。通常多配用菲涅尔透镜，用其将微弱的红外线能量进行"聚焦"，可以将传感器的探测距离提高到 10m 以上。

2. 光子探测器

光子探测器利用入射红外辐射的光子流与探测器材料中电子的相互作用来改变电子的能量状态，引起各种电学现象。这种现象称光子效应。通过测量材料电子性质的变化，可以知道红外辐射的强弱。利用光子效应制成的红外探测器，统称光子探测器。光子探测器有内光电和外光电探测器两种，后者又分为光电导、光生伏特和光磁电探测器三种。光子探测器的主要特点是灵敏度高，响应速度快，具有较高的响应频率，但探测波段较窄，一般需在低温下工作。

6.4.3　红外传感器的应用

1. 人体感应自动照明灯

图 6-48 是由红外线检测集成电路 RD8702 构成的人体感应自动灯开关电路，适用于家庭、楼道、公共厕所、公共走道等作为照明灯。

图 6-48　由 RD8702 构成的人体感应自动灯开关电路

电路主要由人体红外线检测、信号放大、控制信号输出、晶闸管开关及光控等单元电路组成。由于灯泡串接在电路中，所以不接灯泡电路不工作。

当人体红外感应传感器 PIR 未检测到人体感应信号时，电路处于守候状态，RD8702 的⑩脚和⑪ 脚（未使用）无输出，双向晶闸管 VS1 截止，HL 灯泡处于关闭状态。当有人进入检测范围时，红外感应传感器 PIR 中产生的交变信号通过 RD8702 的②脚输入 IC 内。经 IC 处理后从⑩脚输出晶闸管过零触发信号，使双向晶闸管 VS1 导通，灯泡得电点亮，⑩脚输出继电器驱动信号（未使用）供执行电路使用。

光敏电阻 RG 连接在 RD8702 的⑨脚。有光照时，RG 的阻值较小，⑨脚内电路抑制⑩脚和⑩脚输出控制信号。晚上光线较暗时，RG 的阻值较大，⑨脚内电路解除对输出控制信号的抑制作用。

2. 红外线探测电路

图 6-49 是由热释电红外传感器 P228 构成的红外线探测电路，适用于自动节能灯、自动门、报警等。

图 6-49 由 P228 构成的红外线探测电路

该电路主要由传感器、放大器、比较器、延时器、继电器等组成。当有人进入检测现场时，透镜将红外能量"聚焦"送入传感器，感应出微量的电压经阻抗匹配送到放大器。放大器的增益要求大于 72.5dB，频宽为 0.3～7Hz。放大后的信号既含有用信号，也含噪声信号。为取出有用信号，用一级比较器取出有用成分，经延时后推动继电器动作，由其触点控制报警电路等进入工作状态。

3. 红外线气体分析仪

红外线气体分析仪是根据气体对红外线具有选择性的吸收特性来对气体成分进行分析的。不同气体的吸收波段（吸收带）不同，图 6-50 给出了几种气体对红外线的透射光谱，从图中可以看出，CO 气体对波长为 4.65μm 附近的红外线具有很强的吸收能力，CO_2 气体则在 2.78μm和 4.26μm 附近以及波长大于 13μm 的范围对红外线有较强的吸收能力。如分析 CO 气体，则可以利用 4.26μm 附近的吸收波段进行分析。

图 6-51（b）为工业用红外线气体分析仪的结构原理图。它由红外线辐射光源、气室、红外探测器及电路等部分组成。

光源由镍铬丝通电加热发出 3～10μm 的红外线，切光片将连续的红外线调制成脉冲状的红外线，以便红外探测器信号的检测。测量气室中通入被分析气体，参比气室中封入不吸收红外线的气体（如 N_2 等）。红外探测器是薄膜型电容器，它有两个吸收气室，充以被测气体，当它吸收了红外辐射能量后，气体温度升高，导致室内压力增大。测量时（如分析 CO 气体的含量），两束红外线经反射、切光后射入测量气室和参比气室。由于测量气室中含有一定量的 CO 气体，该气体对 $4.65\mu m$ 的红外线有较强的吸收能力，而参比气室中气体不吸收红外线，这样射入红外探测器两个吸收气室的红外线造成能量差异，使两吸收室压力不同，测量边的压力减小，于是薄膜偏向定片方向，改变了薄膜电容两电极间的距离，也就改变了电容 C。

图 6-50　几种气体对红外线的透射光谱

（a）实物图　　　　　　　　（b）结构原理图

图 6-51　红外线气体分析仪

1—光源　2—抛物体反射镜　3—同步电动机　4—切光片　5—滤波气室
6—参比气室　7—测量气室　8—红外探测器　9—放大器

如被测气体的浓度越大，两束光强的差值也越大，则电容的变化也越大，因此电容变化量反映了被分析气体中被测气体的浓度。

如图 6-51（b）所示结构中还设置了滤波气室。它是为了消除干扰气体对测量结果的影响。所谓干扰气体，是指与被测气体吸收红外线波段有部分重叠的气体，如 CO 气体和 CO_2 气体在 $4\sim5\mu m$ 波段内红外吸收光谱有部分重叠，则 CO_2 的存在对分析 CO 气体带来影响，这种影响称为干扰。为此，在测量边和参比边各设置了一个封有干扰气体的滤波气室，它能将 CO_2 气体对应的红外线吸收波段的能量全部吸收，因此左右两边吸收气室的红外线能量之差只与被测气体（如 CO）的浓度有关。

本章小结

　　光电式传感器是将光通量转换为电量的一种传感器，它的基础是光电转换元件的光电效应。光电测量方法一般具有结构简单、非接触、高精度、高分辨率、高可靠性和响应快等优点。光电效应可分为内光电效应、外光电效应和光生伏特效应等。本章还详细介绍了光电管、光敏电阻、光电池等光电元件的工作原理、基本特性以及一些典型应用。

　　光纤的传输是基于光的全内反射。光纤传感器与传统的各类传感器相比有一系列优点，如不受电磁干扰、体积小、质量轻、可挠曲等。光纤传感器可以分为两大类：一类是功能型（传感型）传感器；另一类是非功能型（传光型）传感器。

　　红外传感器一般由光学系统、探测器、信号调理电路及显示系统等组成。红外探测器是红外传感器的核心。红外探测器种类很多，常见的有两大类：热探测器和光子探测器。

思考与练习

6.1　填空

　　1. 在光线作用下能使物体的＿＿＿＿＿的现象称为内光电效应，基于内光电效应的光电元件有光敏电阻、＿＿＿＿＿、光敏三极管、光敏晶闸管等。

　　2. 光敏电阻的伏安特性是指光照度不变时，光敏电阻两端所加＿＿＿＿＿与流过电阻的＿＿＿＿＿关系。

　　3. 光电池的开路电压和短路电流随温度变化的关系称为温度特性。光电池的＿＿＿＿＿随温度变化有较大变化，温度越高，＿＿＿＿＿越低，而光电流随温度变化很小。

6.2　单项选择

　　1. 作为光电式传感器的检测对象有可见光、不可见光，其中不可见光有紫外线、近红外线等。另外，光的不同波长对光电式传感器的影响也各不相同，因此选用相应的光电式传感器要根据＿＿＿＿＿来选择。

　　　　A. 被检测光的性质　　　　　　　　B. 光的波长和响应速度

　　　　C. 检测对象是可见光、不可见光　　D. 光的不同波长

　　2. 光敏电阻又称光导管，是一种均质半导体光电元件。它具有灵敏度高、光谱响应范围宽、体积小、质量轻、机械强度高、耐冲击、耐振动、抗过载能力强和寿命长等特点。光敏电阻的工作原理是基于＿＿＿＿＿。

　　　　A. 外光电效应　　　　　　　　　　B. 光生伏特效应

    C．内光电效应   D．压电效应

3．为了避免外来干扰，光敏电阻外壳的入射孔使用一种能透过所要求光谱范围的透明保护窗（例如玻璃），有时用专门的滤光片作保护窗。为了避免灵敏度受潮湿的影响，因此将电导体严密封装在壳体中。该透明保护窗应该让所要求光谱范围的入射光_____。

    A．尽可能多地通过   B．全部通过   C．尽可能少地通过

4．在光线作用下，半导体的电导率增加的现象属于_____。

    A．外光电效应   B．内光电效应   C．光电发射   D．光导效应

5．当一定波长入射光照射物体时，反映该物体光电灵敏度的物理量是_____。

    A．红限   B．量子效率   C．逸出功   D．普朗克常数

6．光敏三极管的结构，可以看成普通三极管的_____用光敏二极管替代的结果。

    A．集电极   B．发射极   C．集电结   D．发射结

7．单色光的波长越短，它的_____。

    A．频率越高，其光子能量越大   B．频率越低，其光子能量越大

    C．频率越高，其光子能量越小   D．频率越低，其光子能量越小

8．光电管和光电倍增管的特性主要取决于_____。

    A．阴极材料   B．阳极材料   C．纯金属阴极材料   D．玻璃壳材料

9．用光敏二极管或光敏三极管测量某光源的光通量时，是根据它们的_____实现的。

    A．光谱特性   B．伏安特性   C．频率特性   D．光电特性

6.3　什么是外光电效应？依据爱因斯坦光电效应方程式得出的两个基本概念是什么？

6.4　什么是内光电效应？什么是内光电导效应和光生伏特效应？

6.5　光纤传感器可以分为哪两大类？每类光纤传感器有何特点？

6.6　请简述红外辐射的物理本质。

6.7　图 6-52 为路灯自动点熄电路，其中 CdS（硫化镉）为光敏电阻。

（1）电阻 R、电容 C 和二极管 VD 组成什么电路？有何作用？

（2）CdS（硫化镉）光敏电阻和继电器 J 组成光控继电器，请简述其工作原理。

6.8　图 6-53 为采用硫化铅光敏电阻为探测元件的火焰探测器电路图。硫化铅光敏电阻的暗电阻为 1MΩ，亮电阻为 0.2MΩ（光照度 $0.01W/m^2$ 下测试的值），峰值响应波长为 2.2μm。请简述其工作原理。

图 6-52　路灯自动点熄电路　　　　　　　　图 6-53　火焰探测器电路图

实训项目6 光电传感器（反射型）测转速

1. 基本原理

光电传感器由红外发射二极管、红外接收管、达林顿输出管及波形整形电路组成。发射管发射红外光经电机反射面反射，接收管接收到反射信号，经放大、波形整形输出方波，再经 F/V 转换测出频率。

2. 实训目的

了解光电传感器测转速的原理及运用。

3. 所需单元及部件

电机控制单元、小电机、F/V 表、光电传感器、+5V 电源、可调 ±2～±10V 直流稳压电源、主副电源、示波器。

4. 实训步骤

① 在传感器的安装顶板上，拧松小电机前面轴套的调节螺钉，连轴拆去电涡流传感器，换上光电传感器。将光电传感器控头对准小电机上小的白圆圈（反射面），调节传感器高度，离反射面 2～3mm 为宜。

② 传感器的 3 根引线分别接入传感器安装顶板上的 3 个插孔中（棕色接 +5V，黑色接地，蓝色接 V_o）。再把 V_o 和地接入数显表（F/V 表）的 V_i 和地。

③ 合上主、副电源，将可调整 ±2～±10V 的直流稳压电源的切换开关切换到 ±10V，在电机控制单元的 V_+ 处接入 +10V 电压，调节转速旋钮使电机转动。

④ 将 F/V 表的切换开关切换到 2k 挡测频率，F/V 表显示频率值。可用示波器观察 F_o 输出口的转速脉冲信号（$V_{p\text{-}p} > 2V$）。

⑤ 根据测到的频率及电机上反射面的数目算出此时的电机转速。并将转速分别填入表 6-2 中。即 $n = $ F/V 表显示值 $\div 2 \times 60$（n/min）。

表 6-2　　　　　　　　　　　　　实训记录表

n/s									
n/min									

⑥ 实训完毕，关闭主、副电源。

5. 思考题

反射型光电传感器测转速产生误差大、稳定性差的原因是什么？

实训项目7 光纤位移测量

1. 实训目的

① 通过实训进一步了解光纤位移传感器工作原理。

② 通过观察反射式光纤传感器的结构，判断这种传感器测量精度的水平。

③ 初步掌握反射式光纤传感器的使用方法。

2. 实训原理

反射式光纤传感器工作原理如图 6-54 所示，光纤采用 Y 形结构，两束多模光纤合并于一端组成光纤探头，一束作为接收光纤，另一束为光源光纤，红外二级管发出的红外光经光源光纤照射至被测物，由被测物反射的光信号经接收光纤传输至光电转换器件转换为电信号，反射光的强弱与反射物与光纤探头的距离成一定的比例关系，如图 6-55 所示，通过对光强的检测就可得知位置量的变化。

图 6-54 反射式光纤传感器原理图

图 6-55 输出特性曲线

3. 实训所需部件

光纤（光电转换器）、光电传感器模块、光纤光电传感器实训模块、支架、电压表示波器、螺旋测微仪、反射镜片。

4. 实训步骤

① 观察光纤结构。本实训仪所配的光纤探头为 Y 形结构，由数百根导光纤维组成，一半为光源光纤，另一半为接收光纤。

② 连接主机与实训模块电源线及光纤变换器探头接口。光纤探头装上通用支架（原装电涡流探头），探头垂直对准反射片中央（镀铬圆铁片），螺旋测微仪装上支架，以带动反射镜片位移。

③ 按图 6-56 接线。因光电转换器内部已安装好，所以可将电信号直接经差动放大器放大。F/V 显示表的切换开关置 2V 挡。

④ 开启主机电源。光电转换器 V_0 端接电压表，首先旋动

图 6-56 实训电路连接图

测微仪使探头紧贴反射镜片（如两表面不平行可稍许扳动光纤探头角度使两平面吻合），此时输出 $U \approx 0$，然后旋动测微仪，使反射镜片离开探头，每隔 0.2mm 记录一数值并记入表 6-3 中。

表 6-3　　　　　　　　　　　　实训记录表

X/mm	0	0.2	0.4	0.6	0.8	1.0	1.2	1.4	1.6	1.8	2.0	2.2	2.4	2.6
U/V														

位移距离如再加大，就可观察到光纤传感器输出特性曲线的前坡与后坡波形，作出 V-X 曲线，通常测量用的是线性较好的前坡范围。

5. 注意事项

① 光纤切勿成锐角曲折，以免造成内部断裂，端面尤其要注意保护，否则光通量衰耗加大，造成灵敏度下降。

② 每台仪器的光电转换器（包括光纤）与转换电路都是单独调配的，要注意与仪器编号配对使用。

③ 实训时注意增益调节，输出最大信号以 3V 左右为宜，避免过强的背景光照射。

第 **7** 章
霍尔传感器及应用

霍尔传感器是基于霍尔效应的一种传感器。1879 年，美国物理学家霍尔首先在金属材料中发现了霍尔效应，但由于金属材料的霍尔效应太弱而没有得到应用。随着半导体技术的发展，开始用半导体材料制成霍尔元件，由于它的霍尔效应显著而得到应用和发展。霍尔传感器广泛用于电磁量、压力、加速度、振动等方面的测量。

7.1 霍尔效应及霍尔元件

7.1.1 霍尔效应

金属或半导体薄片置于磁感应强度为 B 的磁场（磁场方向垂直于薄片）中，如图 7-1 所示，当有电流 I 通过时，在垂直于电流和磁场的方向上将产生电动势 U_H，这种物理现象称为霍尔效应。

如图 7-1 所示，一块长为 L、宽为 W、厚为 d 的 N 型半导体薄片，位于磁感应强度为 B 的磁场中，B 垂直于 L-W 平面，沿 L 通电流 I，N 型半导体的载流体-电子将受到 B 产生的洛仑兹力 F_B 的作用。

图 7-1 霍尔效应原理图

$$F_B = evB \qquad (7-1)$$

式中，e —— 电子的电量，$e = 1.602 \times 10^{-19}$C；

$\quad\quad v$ —— 半导体中电子的运动速度，其方向与外电路 I 的方向相反，在讨论霍尔效应时，假设所有电子载流子的运动速度相同。

在力 F_B 的作用下，电子向半导体片的一个侧面偏转，在该侧面上形成电子的积累，而在相对的另一侧面上因缺少电子而出现等量的正电荷。在这两个侧面之间产生霍尔电场 E_H，该电场使运动电子受到电场力 F_E 的作用。

$$F_E = eE_H \qquad (7\text{-}2)$$

电场力阻止电子继续向原侧面积累，当电子所受电场力和洛仑兹力相等时，电荷的积累达到动态平衡。由于存在 E_H，半导体片两侧面间出现电位差 U_H，称为霍尔电势，即

$$U_H = \frac{R_H}{d}IB = K_H IB \qquad (7\text{-}3)$$

式中，R_H —— 霍尔系数；

　　　K_H —— 霍尔元件的灵敏度。

由式（7-3）可见，霍尔电势正比于激励电流及磁感应强度，其灵敏度与霍尔系数 R_H 成正比，而与霍尔片厚度 d 成反比。为了提高灵敏度，霍尔元件常制成薄片形状。

如果磁场与薄片法线夹角为 θ，那么

$$U_H = K_H IB \cos\theta \qquad (7\text{-}4)$$

7.1.2　霍尔元件的材料和结构

1. 霍尔元件的材料

由于 $R_H = \mu\rho$，即霍尔系数等于霍尔片材料的电阻率 ρ 与电子迁移率 μ 的乘积。一般金属材料载流子迁移率很高，但电阻率很小；而绝缘材料电阻率极高，但载流子迁移率极低。故只有半导体材料适于制造霍尔片。目前常用的霍尔元件材料有锗、硅、砷化铟、锑化铟等半导体材料。其中 N 型锗容易加工制造，其霍尔系数、温度性能和线性度都较好。N 型硅的线性度最好，其霍尔系数、温度性能同 N 型锗相近。锑化铟对温度最敏感，尤其在低温范围内温度系数大，但在室温时其霍尔系数较大。砷化铟的霍尔系数较小，温度系数也较小，输出特性线性度好。

2. 霍尔元件的结构

霍尔元件的结构很简单，它由霍尔片、引线和壳体组成，如图 7-2（a）所示。霍尔片是一块矩形半导体单晶薄片，引出 4 根引线。1、1' 两根引线加激励电压或电流，称为激励电极；2、2' 引线为霍尔输出引线，称为霍尔电极，如图 7-2（b）所示。霍尔元件壳体由非导磁金属、陶瓷或环氧树脂封装而成。在电路中霍尔元件可用两种符号表示，如图 7-2（c）所示。

(a) 霍尔元件实物图　　　(b) 外形结构示意图　　　(c) 图形符号

图 7-2　霍尔元件

3. 霍尔元件的连接

① 当控制电流为直流输入时，为了得到较大的霍尔输出，可将几块霍尔元件的输出串联，如图 7-3 所示。但控制电流必须并联，决不能串联。因为串联起来将有大部分控制电流被相连

的霍尔电势极短接。

② 当控制电流为交流输入时，可采用如图 7-4 所示的连接方式，这样可以增加霍尔输出电势及功率。

图 7-3　直流激励时的连接方式　　　　图 7-4　交流激励时的连接方式

7.1.3　霍尔元件主要参数及其误差

1.　主要特性参数

（1）灵敏度 K_H

K_H 是指 I 为单位电流，B 为单位磁感应强度，霍尔电极为开路（$R_L = \infty$）时的霍尔电势。

（2）额定控制电流 I_{cm}

霍尔器件将因通过电流而发热。使在空气中的霍尔器件产生允许温升 ΔT 的控制电流称为额定控制电流 I_{cm}。当 $I > I_{cm}$，器件温升将大于允许温升，器件特性将变坏。

（3）磁灵敏度 K_B

当控制电流为 I_{cm} 时，单位磁感应强度产生的开路霍尔电势为 K_B。单位为伏/特（V/T）。

（4）输入电阻 R_i、输出电阻 R_0

R_i 为霍尔器件两个电流极之间的电阻，R_0 为两个霍尔电极之间的电阻。

（5）不等位电势 U_0 和不等位电阻 R_0

霍尔器件在额定控制电流下，无外磁场时，两个霍尔电极之间的开路电势称为不等位电势 U_0。本来，在 $B=0$ 时，应有 $U_H=0$，但是在工艺制备上，使两个霍尔电势的位置精确对准很难，以致在 $B=0$ 时，这两个电极并不在同一等电位面上，而出现电位差 U_0，显然这并不是磁场产生的霍尔电势。在 B 不为零时，U_0 将叠加在 U_H 上，使 U_H 示值出现误差。因此要求 U_0 越小越好，一般要求 $U_0 < 1\text{mV}$。U_0 的极性与控制电流的方向有关。

不等位电阻定义为 $R_0 = U_0 / I_{cm}$，即霍尔元件沿控制电流方向的电阻。R_0 越小越好。

（6）寄生直流电势 U_{OD}

当不加磁场，器件通以交流控制电流，这时器件输出端除出现交流不等位电势以外，如果还有直流电势，则此直流电势称为寄生直流电势 U_{OD}。

产生交流不等位电势的原因与直流不等位电势相同。产生 U_{OD} 的原因主要是器件本身的四个电极没有形成欧姆接触，有整流效应。

（7）霍尔电势温度系数 α

在一定的磁感应强度和控制电流下，温度每变化 1℃时，霍尔电势的相对变化率称为霍尔电势温度系数。砷化镓霍尔器件为 $10^{-5}/℃$ 数量级，锗、硅器件为 $10^{-4}/℃$ 数量级。α 有正负之分，α 为负值表示器件的 U_H 随温度升高而下降。α 越小越好。

（8）工作温度范围

由于 U_H 跟电子浓度 n 有关，当器件温度过高或过低，n 将大幅度变大或变小，使器件不能正常工作。锑化铟的正常工作温度范围是 0～40℃，锗（100）为 −40～75℃，硅为 −60～150℃，砷化镓为 −60～200℃。如前所述，霍尔电势 U_H 正比于控制电流 I 和磁感应强度 B。在实际应用中，总是希望获得较大的霍尔电势。增加控制电流虽然能提高霍尔电势输出，但控制电流大，元件的功耗也增加，从而导致元件的温度升高，甚至可能烧毁元件。

表 7-1 为常用国产霍尔元件的技术参数。

表 7-1　　　　　　　　　　常用国产霍尔元件的技术参数

参数名称	符号	单位	HZ-1 型	HZ-2 型	HZ-3 型	HZ-4 型	HT-1 型	HT-2 型	HS-1 型
			材料（N 型）						
			Ge（111）	Ge（111）	Ge（111）	Ge（100）	InSb	InSb	InAs
电阻率	ρ	$\Omega\cdot cm$	0.8～1.2	0.8～1.2	0.8～1.2	0.4～0.5	0.003～0.01	0.003～0.05	0.01
几何尺寸	$L\times W\times d$	mm^3	8×4×0.2	4×2×0.2	8×4×0.2	8×4×0.2	6×3×0.2	8×4×0.2	8×4×0.2
输入电阻	R_i	Ω	110（±20%）	110（±20%）	110（±20%）	45（±20%）	0.8（±20%）	0.8（±20%）	1.2（±20%）
输出电阻	R_o	Ω	100（±20%）	100（±20%）	100（±20%）	40（±20%）	0.5（±20%）	0.5（±20%）	1（±20%）
灵敏度	K_H	mV/（mA·T）	>12	>12	>12	>4	1.8（±20%）	1.8（±20%）	1（±20%）
不等位电阻	R_0	Ω	<0.07	<0.05	<0.07	<0.02	<0.005	<0.005	<0.003
寄生直流电势	U_{OD}	μV	<150	<200	<150	<100			
额定控制电流	I_{cm}	mA	20	15	25	50	250	300	200
霍尔电势温度系数	α	1/℃	0.04%	0.04%	0.04%	0.03%	−1.5%	−1.5%	
内阻温度系数	β	1/℃	0.5%	0.5%	0.5%	0.3%	−0.5%	−0.5%	
热阻	R_B	℃/mW	0.4	0.25	0.2	0.1			
工作温度	T	℃	−40～45	−40～45	−40～45	−40～75	0～40	0～40	−40～60

2. 霍尔元件的误差及补偿

（1）不等位电势的补偿

在制造霍尔器件的过程中，要使不等位电势为零是相当困难的，所以有必要利用外电路对不等位电势进行补偿，以便能反映霍尔电势的真实值。

在直流控制电流的情况下，不等位电势的大小和极性与控制电流的大小和方向有关。在交流控制电流的情况下，不等位电势的大小和相位随交流控制电流而变。另外，不等位电势与控制电流之间并非线性关系，而且 U_0 还随温度而变。

为分析不等位电势，可将霍尔器件等效为一电阻电桥，不等位电势 U_0 就相当于电桥的不平衡输出。因此，所有能使电桥平衡的外电路都可用来补偿不等位电势。但应指出，因 U_0 随温度变化，在一定温度下进行补偿后，当温度变化时，原来的补偿效果会变差。

图 7-5 为常用的不等位电势的补偿电路，图 7-5（a）是不对称补偿电路，在不加磁场时，可调节 R_w 使 U_0 为零。但 R_w 与霍尔器件的等效电桥臂电阻的电阻温度系数不相同，所以当温度变化时，原来的补偿关系将被破坏。这种方法简单，在 U_0 不大时，对器件的输入、输出信号的削弱也不大。图 7-5（b）、（c）、（d）三种电路为对称补偿电路，因而对温度变化的补偿稳定性要好一些。但图 7-5（b）和图 7-5（c）会减小输入电阻，降低霍尔电势输出。图 7-5（d）的上述影响要小一些，但要求把器件做成五端电极。图 7-5（c）和图 7-5（d）都使输出电阻增大。

图 7-5　不等位电势的补偿电路

当控制电流为交流，可用图 7-5（e）的补偿电路，这时不仅要进行幅值补偿，还要进行相位补偿。图 7-5（f）不等位电势 U_0 分成恒定部分 U_{0L} 和随温度变化部分 ΔU_0，分别进行补偿。U_{0L} 相当于允许工作温度下限 t_L 时的不等位电势。电桥的一个桥臂接入热敏电阻 R_t。设温度为 t_L 时电桥已平衡，调节 R_{w1} 可补偿不平衡电势 U_{0L}。当工作温度为上限 t_H 时，不等位电势增加 ΔU_0，可调节 R_{w2} 进行补偿。适当选择热敏电阻 R_t，可使从 t_L 到 t_H 之间各温度下也能得到较好的补偿。当 R_t 与霍尔器件的材料相同时，则可以达到相当高的补偿精度。

（2）温度补偿

霍尔元件温度补偿的方法很多，下面介绍三种常用的方法。

① 恒流源供电，输入端并联电阻；或恒压源供电，输入端串联电阻，如图 7-6 和图 7-7 所示。

② 合理选择负载电阻。霍尔电势的负载通常是放大器、显示器或记录仪的输入电阻，其值一定，可用串、并联电阻的方法使输出负载电压不变，但此时灵敏度将相应有所降低。

图 7-6　输入端并联电阻补偿

③ 采用热敏元件。这是最常采用的温度补偿方法。图 7-8 给出了几种补偿电路的例子。其

中图 7-8（a）、（b）、（c）为恒压源输入，图 7-8（d）为恒流源输入，R_i 为恒压源内阻；R_t 为热敏电阻，其温度系数的正、负和数值要与 U_H 的温度系数匹配选用。例如对于图 7-8（b）的情况，如果 U_H 的温度系数为负值，随着温度上升，U_H 要下降，则选用电阻温度系数为负的热敏电阻 R_t。当温度上升，R_t 变小，流过器件的控制电流变大，使 U_H 回升。当 R_t 阻值选用适当，就可使 U_H 在精度允许范围内保持不变。经过简单计算，不难预先估算出所需 R_t。

（a）并联补偿电路 （b）串联补偿电路

（c）串、并联补偿电路 （d）电流源的补偿电路

图 7-7 输入端串联电阻补偿   图 7-8 采用热敏元件的温度误差补偿电路

7.2

集成霍尔传感器

集成霍尔传感器是将霍尔元件、放大器、施密特触发器以及输出电路等集成在一块芯片上，为用户提供了一种简化的和较完善的磁敏传感器。其输出信号快，传送过程中无抖动现象，且功耗低，对温度的变化是稳定的，灵敏度与磁场移动速度无关。

集成霍尔传感器分为线性集成电路和开关集成电路。

1. 线性集成霍尔传感器

线性集成霍尔传感器的特点是输出电压与外加磁感应强度 B 呈线性关系，内部框图和输出特性如图 7-9 所示，它由霍尔元件 HG、放大器 A、差动输出电路 D 和稳压电源 R 等组成。图 7-9（b）为其输出特性，在一定范围内输出特性为线性，线性中的平衡点相当于 N 和 S 磁极的平衡点。较典型的线性型霍尔器件如 UGN3501 等。

2. 开关集成霍尔传感器

图 7-10（a）是开关集成霍尔传感器的内部框图。它由霍尔元件 HG、放大器 A、输出晶体管 VT、施密特电路 C 和稳压电源 R 等组成，与线性集成霍尔传感器不同之处是增设了施密特电路 C，通过晶体管 VT 的集电极输出。图 7-10（b）为其输出特性，它是一种开关特性。开关集成霍尔传

感器只有一个输出端，是以一定磁场电平值进行开关工作的。由于内设有施密特电路，开关特性具有时滞，因此有较好的抗噪声效果。

（a）内部框图　　　　　　　　　　（b）输出特性

图 7-9　线性集成霍尔传感器的内部框图和输出特性

集成霍尔传感器一般有内部稳压电源，工作电源的电压范围较宽，可达 3～16V。

（a）内部框图　　　　　　　　　　（b）输出特性

图 7-10　开关集成霍尔传感器的内部框图和输出特性

7.3　霍尔传感器的应用

霍尔电势是关于 I、B、θ 三个变量的函数，即 $U_H=K_HIB\cos\theta$。利用这个关系可以使其中两个量不变，将第三个量作为变量，或者固定其中一个量，其余两个量都作为变量。

霍尔传感器结构简单、工艺成熟、体积小、寿命长、线性好、频带宽，因而得到广泛的应用。下面介绍几个应用实例。

1．测量位移

将霍尔传感器放置在呈梯度分布的磁场中，通以恒定的控制电流，当传感器移动时，元件上感知的磁场大小随位移发生变化，从而使得其输出 U_H 也产生变化，且与位移成比例。从原理上来分析，磁场梯度越大，霍尔输出 U_H 对位移变化的灵敏度就越高；磁场梯度越均匀，则 U_H 对位移的线性度就越好。利用这一原理，可用于测量压力。国产 YSH-1 型霍尔压力变送器便是基于这种原理设计的，如图 7-11（a）所示，其内部转换机构如图 7-11（b）所示。霍尔传感器安装在膜盒上，被测压力的变化经弹性元件转换成传感器的位移，再由霍尔元件将位移转

换成 U_H 输出，U_H 与被测压力成比例。

（a）实物图　　　　　　　　　　　（b）转换机构示意图

图 7-11　YSH-1 型霍尔压力变送器

1—调节螺钉　2—杠杆　3—膜盒　4—磁钢　5—霍尔元件

2. 无触点发信

霍尔传感器通以恒定的控制电流，在近距离运动的磁钢作用下，输出 U_H 产生显著的变化，这就是霍尔无触点发信。无触点发信只要求传感器输出一个足够大的 U_H 信号，而对元件本身的温度特性、线性度等参数要求不高，因此被广泛用于精确定位、接近开关、导磁产品记数以及转速测量。如图 7-12 所示为磁转子的转速检测电路。

图 7-12　磁转子的转速检测电路

图 7-13　几种霍尔式转速传感器的结构

1—输入轴　2—转盘　3—小磁铁　4—霍尔传感器

图 7-13 为几种不同结构的霍尔式转速传感器。磁性转盘的输入轴与被测转轴相连，当被测转轴转动时，磁性转盘随之转动，固定在磁性转盘附近的霍尔传感器便可在每一个小磁铁通过时产生一个相应的脉冲，检测出单位时间的脉冲数，便可知被测转速。磁性转盘上小磁铁数目的多少决定了传感器测量转速的分辨率。

3. 无触点开关

键盘是电子计算机系统中的一个重要的外部设备，早期的键盘都采用机械接触式，在使用过程中容易产生抖动噪声，系统的可靠性较差。霍尔式无触点开关的每个键上都有两小块永久磁铁，当按钮未按下，磁铁处于如图 7-14（a）所示位置，通过霍尔传感器的磁力线是由上向下的。当按下按钮时，磁铁处于如图 7-14（b）所示位置，这时通过霍尔传感器的磁力线是由下向上的。霍尔传感器输出不同的状态，将此输出的开关信号直接与后面的逻辑门电路连接使用。这类键盘开关工作十分稳定可靠，功耗很低，动作过程中传感器与机械部件之间没有机械接触，使用寿命特别长。

（a）按钮放开状态　　　　　　（b）按钮按下状态

图 7-14　集成霍尔传感器构成的按钮

1—按钮　2—外壳　3—导磁材料　4—霍尔传感器

4. 数字式钳形电流表

数字式钳形电流表是常用的检测仪表之一，可用来检测导线中的直流电流或交流电流，其实物如图 7-15（a）所示。

（a）实物图　　　　　　（b）由 UGN3501T 构成的数字式钳形电流表电路

图 7-15　数字式钳形电流表

图 7-15（b）是由霍尔传感器 UGN3501T 构成的数字式钳形电流表电路。它是将霍尔元件置于钳形冷轧硅钢片的空隙中，当有电流流过导线时，就会在钳形圆环中产生磁场，其大小正比于流过导线电流的安匝数。这个磁场作用于霍尔元件，感应出相应的霍尔电势。检测到的信号由 μA741 运算放大器放大后加到数字式万用表上，由其指示出所测电流值。

5. 高斯计

高斯计是用来测量磁感应强度 B 的常用仪表，如图 7-16（a）所示。由霍尔传感器 UGN3501T 构成的数字式高斯计电路如图 7-16（b）所示。

UGN3501T 三端线性霍尔元件主要由稳压器、霍尔发生器和放大器等组成。使用时先使 $B=0T$，记下数字式电压表的读数 U_{OH}；再将传器探头端面贴近被测物件上，记录新的电压表的读数 U_{OH1}，这样两者的差值为 $\Delta U_{OH}= U_{OH1}-U_{OH}$。如果 $\Delta U_{OH}>0$，则可得知探头端测得的是 N 极，如果 $\Delta U_{OH}<0$，则可得知探头端测得的是 S 极。由于 UGN3501T 的灵敏度为 7V/T，由此可得到相应的被测磁感应强度 B。例如，开启电源后先使 $B=0$，调节 R_{P1} 使电压表指示值为零，然后用

一标准磁铁（B=0.1T）贴在探头端面上，再调节 R_{P2}，使电压表指示值为 1V 就可使用了。如果测得的示值为–200mV，则探头端面检测到的是 S 极，磁感应强度为 0.02T。

（a）实物图

（b）由 UGN3501T 构成的数字式高斯计电路

图 7-16　数字式高斯计

本章小结

霍尔元件测量的关键是霍尔效应。霍尔电势 U_H 与磁感应强度 B、控制电流 I 之间存在关系 $U_H=K_H IB\cos\theta$。K_H 称为霍尔元件的乘积灵敏度，它反映了霍尔元件的磁电转换能力。

在实际使用中，霍尔电势会受到温度变化的影响，一般用霍尔电势温度系数 α 来表征。为了减小 α，需要对基本测量电路进行温度补偿，常用的有以下方法：采用恒流源提供控制电流；选择合理的负载电阻进行补偿；利用霍尔元件回路的串联或并联电阻进行补偿；也可以在输入回路或输出回路中加入热敏电阻进行温度误差的补偿。

由于霍尔元件在制造工艺方面的原因存在一个不等位电势 U_0，从而对测量结果造成误差。为解决这一问题，可采用具有温度补偿的桥式补偿电路。该电路本身也接成桥式电路，且其中一个桥臂采用热敏电阻，可以在霍尔元件的整个工作温度范围内对 U_0 进行良好的补偿。

思考与练习

7.1　单项选择

1. 霍尔电势公式中的角 θ 是指_____。

　　A. 磁力线与霍尔薄片平面之间的夹角

　　B. 磁力线与霍尔元件内部电流方向的夹角

　　C. 磁力线与霍尔薄片垂线之间的夹角

2. 霍尔元件采用恒流源激励是为了_____。

　　A. 提高灵敏度　　　　　B. 克服温漂　　　　　C. 减小不等位电势

3. 霍尔电势 U_H 与磁感应强度 B、控制电流 I、霍尔元件灵敏度 K_H 的关系是_____。

    A. 霍尔电势 U_H 正比于磁感应强度 B

    B. 霍尔电势 U_H 正比于控制电流 I

    C. 霍尔电势 U_H 正比于霍尔元件灵敏度 K_H

    D. 霍尔电势 $U_H = K_H BI$

7.2　什么是霍尔效应？写出霍尔电势的表达式。

7.3　为什么有些导体材料和绝缘材料均不宜做成霍尔元件？

7.4　试说明霍尔元件产生电势误差的原因。常用误差补偿方法有哪些？

7.5　霍尔集成传感器分为几种类型？各有什么特点？

7.6　霍尔开关传感器 SL3501 是具有较高灵敏度的集成霍尔元件，能感受到很小的磁场变化，因而可对黑色金属零件进行计数检测。图 7-17 为对钢球进行计数的工作示意图和电路图，请简述其工作过程。

图 7-17　霍尔计数装置

7.7　图 7-18 是由或非门与霍尔传感器构成的车门状态指示电路，用来检测汽车车门是否关好，以保证行车安全。请分析其工作原理。

图 7-18　车门状态指示电路

7.8 试设计一个霍尔式压力检测系统。画出其示意图和电路原理图，说明其基本工作过程。

实训项目 8　霍尔传感器直流激励特性

1.　实训目的

① 通过实训进一步认识霍尔效应原理。

② 了解霍尔传感器的工作原理及测量静态位移的方法。

③ 掌握霍尔传感器的实训方法，分析其特性（灵敏度、线性度）。

2.　实训原理

霍尔元件是根据霍尔效应原理制成的磁电转换元件，当霍尔元件位于由两个环形磁钢组成的梯度磁场中时就成了霍尔位移传感器。

霍尔元件通以恒定电流时，就有霍尔电势输出，霍尔电势的大小正比于磁场强度（磁场位置），当所处的磁场方向改变时，霍尔电势的方向也随之改变。实训电路图如图 7-19 所示。

图 7-19　霍尔传感器直流激励特性实验电路图

3.　实训所需部件

霍尔传感器、直流稳压电源（2V）、霍尔传感器实训模块、电压表、测微仪等。

4.　实训步骤

① 差动放大器调零，增益 10 倍左右。

② 连接主机与实训模块电源及传感器接口，确认霍尔元件直流激励电压为 2V，另一激励端接地，实训接线如图 7-19 所示。

③ 上下移动振动台，并调节差动放大器增益和电桥直流电位器 W_D，使电压表双向指示为最大，且基本对称。

④ 用螺旋测微仪调节振动平台，使霍尔元件置于梯度磁场中间，并调节电桥直流电位器 W_D，使输出为零。

⑤ 从中点开始，调节螺旋测微仪，上下移动霍尔元件各 5mm，每变化 1mm 读取相应的电压值，并记入表 7-2 中。

⑥ 作出 $V\text{-}x$ 曲线，求得灵敏度和线性工作范围。如出现非线性情况，请查找原因。

表 7-2　　　　　　　　　　　　　　　实训记录表

位移/mm	-5	-4	-3	-2	-1	0	1	2	3	4	5
电压/V						0					

5.　注意事项

① 直流激励电压只能是 2V，不能接 ±2V（4V），否则锑化铟霍尔元件会烧坏。

② 为提高线性度和灵敏度，霍尔片应全部处于梯度磁场。

第8章
压电式传感器及应用

压电式传感器的工作原理是基于某些介质材料的压电效应，是典型的有源传感器。当材料受力作用而变形时，其表面会有电荷产生，从而实现非电量测量。压电式传感器具有体积小、质量轻、工作频带宽等特点，因此在各种动态力、机械冲击与振动的测量，以及声学、医学、力学、宇航等方面都得到了非常广泛的应用。

8.1
压电效应及压电材料

8.1.1 压电效应

1. 压电效应的概念

某些电介质，当沿着一定方向对其施力而使它变形时，其内部就产生极化现象，同时在它的两个表面上产生符号相反的电荷，当外力去掉后，其又重新恢复到不带电状态，这种现象称为压电效应。相反，当在电介质极化方向施加电场，这些电介质也会产生变形，这种现象称为"逆压电效应"（电致伸缩效应）。具有压电效应的材料称为压电材料，压电材料能实现机—电能量的相互转换，如图 8-1 所示。

图 8-1　压电效应可逆性

2. 压电效应原理

具有压电效应的物质很多，如石英晶体、压电陶瓷、高分子压电材料等。现以石英晶体为例，简要说明压电效应的机理。

石英晶体是一种应用广泛的压电晶体。它是二氧化硅单晶体，属于六角晶系。图 8-2（a）为天然晶体的外形图，它为规则的六角棱柱体。石英晶体有 3 个晶轴：x 轴、y 轴和 z 轴，如

图 8-2（b）所示。z 轴又称光轴，它与晶体的纵轴线方向一致；x 轴又称电轴，它通过六面体相对的两个棱线并垂直于光轴；y 轴又称为机械轴，它垂直于两个相对的晶柱棱面。

从晶体上沿 xyz 轴线切下的一片平行六面体的薄片称为晶体切片。它的 6 个面分别垂直于光轴、电轴和机械轴。通常把垂直于 x 轴的上下两个面称为 x 面，把垂直于 y 轴的面称为 y 面，如图 8-2（c）所示。当沿着 x 轴对晶片施加力时，将在 x 面上产生电荷，这种现象称为纵向压电效应。沿着 y 轴施加力的作用时，电荷仍出现在 x 面上，这称之为横向压电效应。当沿着 z 轴方向受力时不产生压电效应。

（a）完整的石英晶体　　（b）石英晶片的切割　　（c）石英晶片

图 8-2　石英晶体及切片

石英晶体的压电效应与其内部结构有关，产生极化现象的机理可用图 8-3 来说明。石英晶体的化学式为 SiO_2，它的每个晶胞中有 3 个硅离子和 6 个氧离子，一个硅离子和两个氧离子交替排列（氧离子是成对出现的）。沿光轴看去，可以等效地认为有如图 8-3（a）所示的正六边形排列结构。

① 在无外力作用时，硅离子所带的正电荷等效中心与氧离子所带负电荷的等效中心是重合的，整个晶胞不呈现带电现象，如图 8-3（a）所示。

② 当晶体沿电轴（x 轴）方向受到压力时，晶格产生变形，如图 8-3（b）所示。硅离子的正电荷中心上移，氧离子的负电荷中心下移，正负电荷中心分离，在晶体的 x 面的上表面产生正电荷，下表面产生负电荷而形成电场。反之，如果受到拉力作用时，情况恰好相反，x 面的上表面产生负电荷，下表面产生正电荷。如果受到的是交变力，则在 x 面的上下表面间将产生交变电场。如果在 x 上下表面镀上银电极，就能测出所产生电荷的大小。

③ 同样，当晶体的机械轴（y 轴）方向受到压力时，也会产生晶格变形，如图 8-3（c）所示。硅离子的正电荷中心下移，氧离子的负电荷中心上移，在 x 面的上表面产生负电荷，在 x 面的下表面产生正电荷，这个过程恰好与 x 轴方向受压力时的情况相反。

（a）未受力的石英晶体　　（b）受 x 向压力时的石英晶体　　（c）受 y 向压力时的石英晶体

图 8-3　石英晶体的压电效应机理

1—正电荷等效中心　2—负电荷等效中心

④ 当晶体的光轴（z轴）方向受力时，由于晶格的变形不会引起正负电荷中心的分离，所以不会产生压电效应。

在晶体的弹性限度内，在x轴方向上施加压力F_x时，x面上产生的电荷为

$$Q = d_{11}F_x \tag{8-1}$$

式中，d_{11}——压电常数。

在y轴方向施加压力F_y时，在x面上产生的电荷为

$$Q = d_{12}\frac{l}{\delta}F_y = -d_{11}\frac{l}{\delta}F_y \tag{8-2}$$

式中，l——石英晶片的长度；

δ——石英晶片的厚度。

从式（8-2）可见沿机械轴方向的力作用在晶体上时，产生的电荷与晶体切面的几何尺寸有关，式中的负号说明沿机械轴的压力引起的电荷极性与沿电轴的压力引起的电荷极性恰好相反。

8.1.2　压电材料

1. 压电材料的主要特性参数

压电材料的主要特性参数有如下几个。

（1）压电常数

压电常数是衡量材料压电效应强弱的参数，它直接关系到压电输出的灵敏度。

（2）弹性常数

压电材料的弹性常数、刚度决定着压电器件的固有频率和动态特性。

（3）介电常数

对于一定形状、尺寸的压电元件，其固有电容与介电常数有关；而固有电容又影响着压电传感器的频率下限。

（4）机械耦合系数

在压电效应中，机械耦合系数的值等于转换输出能量（如电能）与输入能量（如机械能）之比的平方根，它是衡量压电材料机电能量转换效率的一个重要参数。

（5）绝缘电阻

压电材料的绝缘电阻能减少电荷泄漏，从而改善压电传感器的低频特性。

（6）居里点

压电材料开始丧失压电特性的温度称为居里点。

2. 常用压电材料

在自然界中大多数晶体具有压电效应，但压电效应十分微弱。随着对材料的深入研究，发现石英晶体、钛酸钡、锆钛酸铅等材料是性能优良的压电材料。应用于压电式传感器中的压电元件材料一般有三类：石英晶体、经过极化处理的压电陶瓷、高分子压电材料。

（1）石英晶体

石英晶体是一种性能良好的压电晶体，它的突出优点是性能非常稳定，介电常数与压电系

数的温度稳定性特别好，且居里点高，达到 575℃（即到 575℃时，石英晶体将完全丧失压电性质）。此外，它还具有机械强度大、机械性能稳定、绝缘性能好、动态响应快、线性范围宽、迟滞小等优点。但石英晶体的压电常数小（ $d_{11}= 2.31×10^{-12}$C/N），灵敏度低，且价格较贵，所以只在标准传感器、高精度传感器或高温环境下工作的传感器中作为压电元件使用。石英晶体分为天然与人造晶体两种。天然石英晶体性能优于人造石英晶体，但天然石英晶体价格较贵。

（2）压电陶瓷

压电陶瓷是人工制造的多晶体压电材料，与石英晶体相比，压电陶瓷的压电常数很高，具有烧制方便、耐湿、耐高温、易于成型等特点，制造成本很低。因此，在实际应用中的压电传感器，大多采用压电陶瓷材料。压电陶瓷的弱点是，居里点较石英晶体要低 200~400℃，性能没有石英晶体稳定。但随着材料科学的发展，压电陶瓷的性能正在逐步提高。常用的压电陶瓷材料有以下几种。

① 钛酸钡压电陶瓷（ $BaTiO_3$）。钛酸钡是由 $BaCO_3$ 和 TiO_2 二者在高温下合成的，具有较高的压电常数（ $d_{11}=190×10^{-12}$C/N）和相对介电常数，但居里点较低（约为 120℃），机械强度也不如石英晶体，目前使用较少。

② 锆钛酸铅系列压电陶瓷（PZT）。锆钛酸铅压电陶瓷是钛酸铅和锆酸铅材料组成的固熔体。它有较高的压电常数 [$d_{11}=$（200~500）×10^{-12}C/N] 和居里点（300℃以上），工作温度可达 250℃，是目前经常采用的一种压电材料。在上述材料中掺入微量的镧（La）、铌（Nb）或锑（Sb）等，可以得到不同性能的材料。PZT 是工业中应用较多的压电材料。

③ 铌酸盐系列压电陶瓷。如铌酸铅具有很高的居里点和较低的介电常数。铌酸钾的居里点为 435℃，常用于水声传感器。铌酸锂具有很高的居里点，可作为高温压电传感器。

④ 铌镁酸铅压电陶瓷（PMN）。铌镁酸铅具有较高的压电常数 [$d_{11}=$（800~900）×10^{-12}C/N] 和居里点（260℃），它在压力达到 70MPa 时仍能正常工作，因此可作为高压下的力传感器。

（3）高分子压电材料

某些合成高分子聚合物薄膜经延展拉伸和电场极化后，具有一定的压电性能，这类薄膜称为高分子压电薄膜。目前出现的压电薄膜有聚二氟乙烯 PVF_2、聚氟乙烯 PVF、聚氯乙烯 PVC 等。这些是柔软的压电材料，不易破碎，可以大量生产和制成较大的面积。

如果将压电陶瓷粉末加入到高分子压电化合物中，制成高分子压电陶瓷薄膜，这种复合材料保持了高分子压电薄膜的柔韧性，又具有压电陶瓷材料的优点，是一种很有发展前途的材料。

在选用压电材料时，应考虑其转换特性、机械特性、电气特性、温度特性等几方面的问题，以便获得最好的效果。

8.2 压电式传感器电路

8.2.1 压电式传感器的等效电路

将压电晶片产生电荷的两个晶面封装上金属电极后，就构成了压电元件。当压电元件受力时，就会在两个电极上产生电荷，因此，压电元件相当于一个电荷源；两个电极之间是绝缘的压电介质，因此它又相当于一个以压电材料为介质的电容器，其电容值为

$$C_a = \varepsilon_R \varepsilon_0 A / \delta \tag{8-3}$$

式中，A——压电元件电极面面积；

δ——压电元件厚度；

ε_R——压电材料的相对介电常数；

ε_0——真空的介电常数。

因此，可以把压电元件等效为一个与电容相并联的电荷源，也可以等效为一个与电容相串联的电压源，如图8-4所示。

压电式传感器与检测仪表连接时，还必须考虑电缆电容 C_c、放大器的输入电阻 R_i 和输入电容 C_i，以及传感器的泄漏电阻 R_a，图8-5为压电式传感器实际等效电路。由于外力作用在压电传感元件上所产生的电荷只有在无泄

（a）电荷源　　（b）电压源

图8-4　压电元件的等效电路

漏的情况下才能保存，即需要测量回路具有无限大的内阻抗，这实际上是达不到的，所以压电式传感器不能用于静态测量。压电元件只有在交变力的作用下，电荷才能源源不断地产生，可以供给测量回路以一定的电流，故只适用于动态测量。

（a）电荷源的实际等效电路图　　　　　（b）电压源的实际等效电路图

图8-5　压电元件实际的等效电路图

8.2.2　压电式传感器测量电路

压电式传感器的内阻很高，而输出的信号微弱，因此一般不能直接显示和记录。它要求与高输入阻抗的前置放大电路配合，然后再与一般的放大、检波、显示、记录电路连接，这样，才能防止电荷的迅速泄漏而使测量误差减少。

压电式传感器的前置放大器的作用有两个：一是把传感器的高阻抗输出变为低阻抗输出；二是把传感器的微弱信号进行放大。

根据压电式传感器的工作原理及等效电路，它的输出可以是电荷信号，也可以是电压信号，因此与之配套的前置放大器也有电荷放大器和电压放大器两种形式。由于电压前置放大器的输出电压与电缆电容有关，故目前多采用电荷放大器。

1. 电荷放大器

并联输出型压电元件可以等效为电荷源。电荷放大器实际上是一个具有反馈电容 C_f 的高增

益运算放大器电路，如图 8-6 所示。当放大器开环增益 A 和输入电阻 R_i、反馈电阻 R_f（用于防止放大器直流饱和）相当大时，在计算中可以把输入电阻 R_i 和反馈电阻 R_f 忽略，放大器的输出电压 U_o 正比于输入电荷 Q。

图 8-6　电荷放大器原理图

设 C 为总电容，则有

$$U_o = -AU_i = -AQ/C \qquad (8\text{-}4)$$

根据密勒定理，反馈电容 C_f 折算到放大器输入端的等效电容为（$1+A$）C_f，则

$$U_o = -AQ/[C_a+C_c+C_i+（1+A）C_f] \qquad (8\text{-}5)$$

当 A 足够大时，则（$1+A$）$C_f \gg C_a+C_c+C_i$，这样式（8-5）可写成

$$U_o \approx -AQ/[（1+A）C_f] \approx -Q/C_f \qquad (8\text{-}6)$$

由式（8-6）可见，电荷放大器的输出电压仅与输入电荷和反馈电容有关，电缆电容等其他因素的影响可以忽略不计。

2. 电压放大器（阻抗变换器）

图 8-7　电压放大器原理图

串联输出型压电元件可以等效为电压源，但由于压电效应引起的电容量 C_a 很小，因而其电压源等效内阻很大，在接成电压输出型测量电路时，要求前置放大器不仅有足够的放大倍数，而且应具有很高的输入阻抗，如图 8-7 为电压源测量原理电路图。

8.3

压电式传感器的结构和应用

8.3.1　压电式传感器的基本结构

在压电式传感器中，为了提高灵敏度，往往采用多片压电晶片粘结在一起。其中最常用的是两片结构。由于压电元件上的电荷是有极性的，因此接法有串联和并联两种，如图 8-8 所示。串联接法输出电压高，本身电容小，适用于以电压为输出量及测量电路输入阻抗很高的场合；并联接法输出电荷大，本身电容大，因此时间常数也大，适用于测量缓变信号，并以电荷量作为输出的场合。

（a）串联接法　　　　（b）并联接法
图 8-8　压电元件的串联和并联接法

压电片一般采用并联接法，如图 8-9（a）所示，图 8-9（b）为等效电路图。其输出电容 C 是单片电容 C 的两倍，但输出电压仍等于单片电压。

（a）两片晶片并联   （b）等效电路图

图 8-9　压电片的并联连接电路图

由上可知，压电晶片并联可以增大输出电荷，提高灵敏度。具体使用时，两片晶片上必须有一定的预紧力，以保证压电元件在工作时始终受到压力，同时可以消除两压电晶片之间因接触不良而引起的非线性误差，保证输出与输入作用力之间的线性关系。但是这个预紧力不能太大，否则将影响其灵敏度。

8.3.2　压电式传感器的应用

压电式传感器主要用于动态作用力、压力、加速度的测量。

1.　压电式力传感器

压电式力传感器是以压电元件为转换元件，输出电荷与作用力成正比的力—电转换装置。常用的形式为荷重垫圈式，它由基座、盖板、石英晶片、电极以及引出插座等组成，图 8-10 为 YDS-78 型压电式单向动态力传感器的结构，它主要用于变化频率不太高的动态力的测量。测力范围达几十千牛以上，非线性误差小于 1%，固有频率可达数十千赫。

被测力通过传力上盖使压电元件受压力作用而产生电荷。由于传力上盖的弹性形变部分的厚度很薄，只有 0.1～0.5mm，因此灵敏度很高。这种力传感器的体积小，质量轻（10kg 左右），分辨力可达 10^{-3}g，固有频率为 50～60kHz，主要用于频率变化小于 20kHz 的动态力测量。其典型应用有：在测试车床动态切削力、轴承支座反力以及表面粗糙度测量仪中作力传感器。使用时，压电元件装配时必须施加较大的预紧力，以消除各部件与压电元件之间、压电元件与压电元件之间因接触不良而引起的非线性误差，使传感器工作在线性范围。

2.　压电式加速度传感器

图 8-11 为一种压电式加速度传感器的外形图和结构图。它主要由压电元件、质量块、预压弹簧、基座及外壳等组成。整个部件装在外壳内，并用螺栓加以固定。当加速度传感器和被测物一起受到冲击振动时，压电元件受质量块惯性力的作用，根据牛顿第二定律，此惯性力是加速度的函数，惯性力 F 作用于压电元件上，因而产生电荷 Q，当传感器选定后，传感器输出电荷与加速度 a 成正比。因此，测得加速度传感器输出的电荷便可知加速度的大小。

3.　声振动报警器

由压电晶体 HTD-27 声传感器等构成的声振动报警器电路如图 8-12 所示。它广泛应用于各种场合下的振动报警，如脚步声、敲打声、喊叫声、车辆行驶路面引起的振动声等。凡是利用振动传感器报警的场合均可使用。

图 8-10 YDS-78 型压电式单向动态力传感器

（a）YD 系列压电式加速度传感器实物图 （b）压电式加速度传感器内部结构示意图

图 8-11 压电式加速度传感器

图 8-12 声振动报警器电路

该电路主要由 IC1（NE555）、IC2（UM66）及声传感器 HTD 等组成。其中 HTD 与场效应管 VT1 构成声振动传感接收与放大电路；R_{P1} 为声控灵敏度调整电位器，IC1 与 R_4、C_3 组成单稳态触发延时电路；IC2 及其外围元件构成报警电路。

当 HTD 未接收到声振动信号时，电路处于守候状态，场效应管 VT1 截止。此时 C_3 经 R_4 充电为高电平，故 IC1 的③脚输出低电平，IC2 报警音乐电路不会工作；当 HTD 接收到声振动信号后，将转换的电信号加到 VT1 栅极，经放大后加到 IC1 的②脚（经电容器 C_1），使 IC1 的状态翻转，③脚输出高电平加到 IC2 上，IC2 被触发从而驱动扬声器发出音乐声。经过 2min 左右，由于电容 C_3 的充电使 IC1 的⑥脚为高电平，电路翻转，③脚输出低电平，IC2 报警电路随之停止报警。但若 HTD 有连续不断的触发信号，则报警声会连续不断，直到 HTD 无振动信号 2min 后，报警声才会停止。

本章小结

某些电介质，当沿着一定方向对它施加压力时，内部就产生极化现象，同时在它的两个表面上产生相反的电荷；当外力去掉后，电介质又重新恢复为不带电状态；当作用力方向改变时，电荷的极性也随着改变；晶体受力所产生的电荷量与外力的大小成正比，这种现象被称为压电效应。相反，当在电介质极化方向施加电场，这些电介质也会产生变形，这种现象称为"逆压电效应"（电致伸缩效应）。

在自然界中大多数晶体具有压电效应，但压电效应十分微弱。应用于压电式传感器中的压电元件材料一般有三类：石英晶体、经过极化处理的压电陶瓷、高分子压电材料。

压电式传感器的内阻抗很高，而输出的信号却很微弱，因此其一般不能直接显示和记录。所以，压电式传感器要求测量电路的前级输入端要有足够高的阻抗，以防止电荷迅速泄漏而使测量误差增大。压电式传感器的前置放大器有两个作用：一是把传感器的高阻抗输出转换为低阻抗输出；二是把传感器的微弱信号进行放大。压电式传感器的输出可以是电压信号，也可以是电荷信号，所以前置放大器也有两种形式：电压放大器和电荷放大器。

在压电式传感器中，为了提高灵敏度，往往采用多片压电晶片粘结在一起。其中最常用的是两片结构。由于压电元件上的电荷是有极性的，因此接法有串联和并联两种，串联接法输出电压高，本身电容小；并联接法输出电荷大，本身电容大，因此时间常数也大，适用于测量缓变信号，并以电荷量作为输出的场合。一般采用并联接法。

思考与练习

8.1　什么是压电效应和逆压电效应？

8.2　以石英晶体为例，当沿着晶体的光轴（z轴）方向施加作用力时，会不会产生压电效应？为什么？

8.3　应用于压电式传感器中的压电元件材料一般有几类？各类的特点是什么？

8.4　画出压电元件的等效电路。

8.5　为什么压电式传感器只能应用于动态测量而不能用于静态测量？

8.6　由于压电陶瓷元件的自振频率高，特别适合测量变化剧烈的载荷。图 8-13 为利用压电陶瓷传感器测量刀具切削力的示意图，请简述其工作过程。

8.7　图 8-14 为压电式煤气灶电子点火装置示意图，请简述其工作过程。

图 8-13　压电式刀具切削力测量示意图　　　　图 8-14　压电式煤气灶点火装置

实训项目 9　压电式传感器的动态响应

1. 实训目的

了解压电式传感器的原理、结构及应用。

2. 所需单元及设备

低频振荡器、电荷放大器、低通滤波器、单芯屏蔽线、压电式传感器、双线示波器、激振线圈、磁电传感器、F/V 表、主副电源、振动平台。

3. 有关旋钮的初始位置

低频振荡器的幅度旋钮置于最小，F/V 表置 F 表 2kHz 挡。

4. 实训步骤

① 观察压电式传感器的结构，根据如图 8-15 所示的电路结构，将压电式传感器、电荷放大器、低通滤波器、双线示波器连接起来，组成一个测量线路。并将低频振荡器的输出端与频率表的输入端相连。

图 8-15　压电实验电路图

② 将低频振荡信号接入振动台的激振线圈。

③ 调整好示波器，低频振荡器的幅度旋钮固定至最大，调节频率，调节时用频率表监测频率，用示波器读出电压峰峰值填入表 8-1 中。

表 8-1　　　　　　　　　　　　　　　　　实训记录表

f/Hz	5	7	12	15	17	20	25
V_{P-P}/V							

④ 示波器的另一通道观察磁电式传感器的输出波形，并与压电波形相比较观察其波形相位差。

5. 思考题

① 根据实训结果，可以知道振动台的自振频率大致为多少？
② 压电式传感器的特点有哪些？

第9章
超声波传感器及应用

超声波技术是一门以物理、电子、机械及材料学为基础，各行各业都使用的通用技术。它是通过超声波产生、传播以及接收这个物理过程来完成的。超声波在液体、固体中衰减很小，穿透能力强，特别是对不透光的固体，超声波能穿透几十米的厚度。

当超声波从一种介质入射到另一种介质时，由于在两种介质中的传播速度不同，在介质面上会产生反射、折射和波型转换等现象。超声波的这些特性使它在检测技术中获得了广泛的应用，如超声波无损探伤、厚度测量、流速测量、超声显微镜及超声成像等。

9.1
超声波及其物理性质

1. 超声波的概念和波型

机械振动在弹性介质内的传播称为波动，简称为波。人能听见声音的频率为 20Hz～20kHz，即为声波，超出此频率范围的声音，即 20Hz 以下的声音称为次声波，20kHz 以上的声音称为超声波，一般说话的频率范围为 100Hz～8kHz。声波频率的界限划分如图 9-1 所示。

图 9-1　声波频率的界限划分图

超声波为直线传播方式，频率越高，绕射能力越弱，但反射能力越强，利用超声波的这种性质就可制成超声波传感器。

由于声源在介质中施力方向与波在介质中传播方向的不同，超声波的传播波型也不同，通常有以下三种类型。

① 纵波——质点振动方向与波的传播方向一致的波；

② 横波——质点振动方向垂直于传播方向的波；

③ 表面波——质点的振动介于横波与纵波之间，沿着表面传播的波。

横波只能在固体中传播，纵波能在固体、液体和气体中传播，表面波随深度增加衰减很快。

为了测量各种状态下的物理量，多采用纵波。

2. 声速、波长与指向性

（1）声速

纵波、横波及表面波的传播速度取决于介质的弹性系数、介质的密度以及声阻抗。这里，声阻抗是描述介质传播声波特性的一个物理量。介质的声阻抗 Z 等于介质的密度 ρ 和声速 c 的乘积，即

$$Z=\rho c \tag{9-1}$$

由于气体和液体的剪切模量为零，所以超声波在气体和液体中没有横波，只能传播纵波。气体中的声速为 344m/s，液体中声速在 900～1900m/s。在固体中，纵波、横波和表面波三者的声速有一定的关系，通常可认为横波声速为纵波声速的一半，表面波声速约为横波声速的90%，如表 9-1 所示。

表 9-1 常用材料的密度、声阻抗与声速（环境温度为0℃）

材　　料	密度 $\rho/(10^3 kg \cdot m^{-3})$	声阻抗 $Z/(10^3 MPa \cdot s^{-1})$	纵波声速 $c_L/(km \cdot s^{-1})$	横波声速 $c_S/(km \cdot s^{-1})$
钢	7.8	46	5.9	3.23
铝	2.7	17	6.32	3.08
铜	8.9	42	4.7	2.05
有机玻璃	1.18	3.2	2.73	1.43
甘油	1.26	2.4	1.92	—
水（20℃）	1.0	1.48	1.48	—
油	0.9	1.28	1.4	—
空气	0.0013	0.0004	0.34	—

（2）波长

超声波的波长 λ 与频率 f 乘积恒等于声速 c，即

$$\lambda f = c \tag{9-2}$$

例如，将一束频率为 5 MHz 的超声波（纵波）射入钢板，查表 9-1 可知，纵波在钢中的声速 c_L=5.9km/s，所以此时的波长 λ 为 1.18mm。

（3）指向性

超声波声源发出的超声波束以一定的角度逐渐向外扩散，如图 9-2 所示。在声束横截面的中心轴线上，超声波最强；随着扩散角度的增大，超声波减小。指向角 θ 与超声源的直径 D、波长 λ 之间的关系为

图 9-2　声场指向性及指向角

1—超声源　2—轴线　3—指向角　4—等强度线

$$\sin \theta = 1.22 \lambda / D \tag{9-3}$$

设超声源的直径 $D=20$mm，射入钢板的超声波（纵波）频率为 5MHz，则根据式（9-3）可得 $\theta=4°$，可见该超声波的指向性是十分尖锐的。

人声的频率（约为几百赫兹）比超声波低得多，波长 λ 很长，指向角就非常大，所以可闻

声波不太适合用于检测领域。

3. 超声波的反射和折射

超声波从一种介质传播到另一介质，在两个介质的分界面上一部分能量被反射回原介质，叫做反射波，另一部分透射过界面，在另一种介质内部继续传播，则叫做折射波。这两种情况分别称之为声波的反射和折射，如图 9-3 所示。

图 9-3 波的反射和折射

当纵波以某一角度入射到第二介质（固体）的界面上时，除有纵波的反射、折射以外，还发生横波的反射及折射。在某种情况下，还能产生表面波。各种波型都符合反射及折射定律。

（1）反射定律

入射角 α 的正弦与反射角 α' 的正弦之比等于波速之比。当入射波和反射波的波型相同、波速相等时，入射角 α 等于反射角 α'。

（2）折射定律

入射角 α 的正弦与折射角 β 的正弦之比等于超声波在入射波所处介质的波速 c_1 与在折射波中介质的波速 c_2 之比，即

$$\sin\alpha / \sin\beta = c_1 / c_2 \tag{9-4}$$

4. 超声波的衰减

超声波在介质中传播时，随着传播距离的增加，能量逐渐衰减，其衰减的程度与超声波的扩散、散射及吸收等因素有关。其声压和声强的衰减规律如下。

$$P_x = P_0 \mathrm{e}^{-\alpha x} \tag{9-5}$$

$$I_x = I_0 \mathrm{e}^{-2\alpha x} \tag{9-6}$$

式中，P_x、I_x——距声源 x 处超声波的声压和声强；

$\quad$ P_0、I_0——$x = 0$ 处超声波的声压和声强；

$\quad$ α——衰减系数；

$\quad$ x——声波与声源间的距离。

超声波在介质中传播时，能量的衰减决定于声波的扩散、散射和吸收，在理想介质中，声波的衰减仅来自于声波的扩散，即随声波传播距离增加而引起声能的减弱。散射衰减是固体介质中的颗粒界面或流体介质中的悬浮粒子使声波散射。吸收衰减是由介质的导热性、黏滞性及弹性滞后造成的，介质吸收声能并转换为热能。

9.2

超声波探头及耦合技术

为了以超声波作为检测手段，必须产生超声波和接收超声波。完成这种功能的装置就是超

声波传感器，习惯上称为超声波换能器，或超声波探头。

<hr>

9.2.1 超声波探头

超声波探头的工作原理有压电式、磁致伸缩式、电磁式等方式。在检测技术中主要采用压电式。超声波探头常用的材料是压电晶体和压电陶瓷，这种探头统称为压电式超声波探头。它是利用压电材料的压电效应来工作的。逆压电效应将高频电振动转换成高频机械振动，以产生超声波，可作为发射探头。而利用压电效应则将接收的超声波振动转换成电信号，可作为接收探头。

由于其结构不同，超声波探头又分为直探头、斜探头、双探头、表面波探头、聚焦探头、冲水探头、水浸探头、空气传导探头以及其他专用探头等，如图9-4所示。

1. 单晶直探头

用于固体介质的单晶直探头（俗称直探头）的结构如图9-4（a）所示。压电晶片采用PZT压电陶瓷材料制作，外壳用金属制作，保护膜用于防止压电晶片磨损。保护膜可以用三氧化二铝（钢玉）、碳化硼等硬度很高的耐磨材料制作。阻尼吸收块用于吸收压电晶片背面的超声脉冲能量，防止杂乱反射波产生，提高分辨力。阻尼吸收块用钨粉、环氧树脂等浇注。

发射超声波时，将500V以上的高压电脉冲加到压电晶片5上，利用逆压电效应，使晶片发射出一束频率在超声范围内、持续时间很短的超声振动波。向上发射的超声振动波被阻尼块所吸收，而向下发射的超声波垂直透射到图9-4中的试件10内。假设该试件为钢板，而其底面与空气交界，在这种情况下，到达钢板底部的超声波的绝大部分能量被底部界面所反射。反射波经过一短暂的传播时间回到压电晶片5。利用压电效应，晶片将机械振动波转换成同频率的交变电荷和电压。由于衰减等原因，该电压通常只有几十毫伏，还要加以放大，才能在显示器上显示出该脉冲的波形和幅值。

（a）单晶直探头　　　　　（b）双晶直探头　　　　　（c）斜探头

图9-4　超声波探头结构示意图

1—接插件　2—外壳　3—阻尼吸收块　4—引线　5—压电晶片　6—保护膜

7—隔离层　8—延迟块　9—有机玻璃斜楔块　10—试件　11—耦合剂

从以上分析可知，超声波的发射和接收虽然均是利用同一块晶片，但时间上有先后之分，所以单晶直探头是处于分时工作状态，必须用电子开关来切换这两种不同的状态。

2. 双晶直探头

双晶直探头结构如图 9-4（b）所示。它是由两个单晶探头组合而成，装配在同一壳体内。其中一片晶片发射超声波，另一片晶片接收超声波。两晶片之间用一片吸声性能强、绝缘性能好的薄片加以隔离，使超声波的发射和接收互不干扰。略有倾斜的晶片下方还设置延迟块，它用有机玻璃或环氧树脂制作，能使超声波延迟一段时间后才入射到试件中，可减小试件接近表面处的盲区，提高分辨能力。双晶直探头的结构虽然复杂些，但检测精度比单晶直探头高，且超声波信号的反射和接收的控制电路较单晶直探头简单。

3. 斜探头

有时为了使超声波能倾斜入射到被测介质中，可选用斜探头，如图 9-4（c）所示。压电晶片粘贴在与底面成一定角度（如 30°、45° 等）的有机玻璃斜楔块上，压电晶片的上方用吸声性强的阻尼吸收块覆盖。当斜楔块与不同材料的被测介质（试件）接触时，超声波产生一定角度的折射，倾斜入射到试件中去，折射角可通过计算求得。

4. 聚焦探头

由于超声波的波长很短（mm 数量级），所以它也像光波一样可以被聚焦成十分细的声束，其直径可小到 1mm 左右，可以分辨试件中细小的缺陷，这种探头称为聚焦探头，是一种很有发展前途的新型探头。

聚焦探头采用曲面晶片来发出聚焦的超声波，也可以采用两种不同声速的塑料来制作声透镜，还可利用类似光学反射镜的原理制作声凹面镜来聚焦超声波。如果将双晶直探头的延迟块按上述方法加工，也可具有聚焦功能。

5. 箔式探头

利用压电材料聚偏二氟乙烯（PVDF）高分子薄膜，制作出的薄膜式探头称为箔式探头，可以获得 0.2mm 直径的超细声束，用在医用 CT 诊断仪器上可以获得很高清晰度的图像。

6. 空气传导型探头

由于空气的声阻抗是固体声阻抗的几千分之一，所以空气超声探头的结构与固体传导探头有很大的差别。此类超声探头的发射探头和接收探头一般是分开设置的，两者结构也略有不同，图 9-5 为空气传导型的超声波发射探头和接收探头的结构示意图。发

（a）发射探头　　　　（b）接收探头

图 9-5　空气传导型超声波发射探头和接收探头结构示意图
1—外壳　2—金属丝网罩　3—锥形共振盘　4—压电晶片
5—引脚　6—阻抗匹配器　7—超声波束

射探头的压电晶片上粘贴了一只锥形共振盘，以提高发射效率和方向性。接收探头在共振盘上还增加了一只阻抗匹配器，以滤除噪声，提高接收效率。空气传导型的超声发射探头和接收探头的有效工作范围可达几米至几十米。

9.2.2 超声波探头耦合剂

在图 9-4 中，无论是直探头还是斜探头，一般不能直接将其放在被测介质（特别是粗糙金属）表面来回移动，以防磨损。更重要的是，由于超声探头与被测物体接触时，在工件表面不平整的情况下，探头与被测物体表面间必然存在一层空气薄层。空气的密度很小，将引起三个界面间强烈的杂乱反射波，造成干扰，而且空气也将对超声波造成很大的衰减。为此，必须将接触面之间的空气排挤掉，使超声波能顺利地入射到被测介质中。在工业中，经常使用一种称为耦合剂的液体物质，使之充满在接触层中，起到传递超声波的作用。常用的耦合剂有水、机油、甘油、水玻璃、胶水、化学浆糊等。耦合剂的厚度应尽量薄一些，以减小耦合损耗。

有时为了减少耦合剂的成本，还可在单晶直探头、双晶直探头或斜探头的侧面，加工一个自来水接口。在使用时，自来水通过此孔压入到保护膜和试件之间的空隙中。使用完毕，将水迹擦干即可，这种探头称为水冲探头。

9.3
超声波传感器的应用

1. 超声波测厚

超声波测量金属零件的厚度，具有测量精度高，测试仪器轻便，操作安全简单，易于读数及实行连续自动检测等优点。但是对于声衰减很大的材料，以及表面凹凸不平或形状很不规则的零件，利用超声波测厚比较困难。超声波测厚常用脉冲回波法。图 9-6 为脉冲回波法检测厚度的工作原理。超声波探头与被测物体表面接触。主控制器产生一定频率的脉冲信号，送往发射电路，经电流放大后激励压电式探头，以产生重复的超声波脉冲。脉冲波传到被测工件另一面被反射回来，被同一探头接收。如果超声波在工件中的声速 v 是已知的，设工件厚度为 δ，脉冲波从发射到接收的时间间隔 t 可以测量，因此可求出工件厚度为

$$\delta = vt/2 \tag{9-7}$$

图 9-6 脉冲回波法测厚工作原理

为测量时间间隔 t，可用如图 9-6 所示的方法，将发射和回波反射脉冲加至示波器垂直偏转板上。标记发生器输出已知时间间隔的脉冲，也加在示波器垂直偏转板上。线性扫描电压加在水平偏转板上。因此可以从显示器上直接观察发射和回波反射脉冲，并求出时间间隔 t。当然也可用稳频晶振产生的时间标准信号来测量时间间隔 t，从而做成厚度数字显示仪表。

2. 超声波物位传感器

超声波物位传感器是利用超声波在两种介质的分界面上的反射特性而制成的。如果从

发射超声波脉冲开始，到接收探头接收到反射波为止的这个时间间隔为已知，就可以求出分界面的位置，利用这种方法可以对物位进行测量。

图 9-7 给出了几种超声物位传感器的结构示意图。超声波发射和接收探头可设置在水中，让超声波在液体中传播。由于超声波在液体中衰减比较小，所以即使发生的超声脉冲幅度较小也可以传播。超声波发射和接收探头也可以安装在液面的上方，让超声波在空气中传播，这种方式便于安装和维修，但超声波在空气中的衰减比较严重。

（a）超声波探头设置在水中

（b）超声波探头设置在液面上方

图 9-7 几种超声物位传感器的结构示意图

对于单探头来说，超声波从发射到液面，又从液面反射到探头的时间为

$$t = 2h/v \tag{9-8}$$

则

$$h = vt/2 \tag{9-9}$$

式中，h——换能器距液面的距离；

v——超声波在介质中传播的速度。

对于双探头来说，超声波从发射到被接收经过的路程为 $2s$，而

$$s = vt/2 \tag{9-10}$$

因此液位高度为

$$h = \left(s^2 - a^2 \right)^{1/2} \tag{9-11}$$

式中，s——超声波反射点到换能器的距离；

a——两换能器间距的一半。

从以上公式中可以看出，只要测得超声波脉冲从发射到接收的间隔时间，便可以求得待测的物位。超声物位传感器具有精度高和使用寿命长的特点，但若液体中有气泡或液面发生波动，便会有较大的误差。在一般使用条件下，它的测量误差为 ±0.1%，检测物位的范围为 $10^2 \sim 10^4$m。

3. 超声波流量传感器

超声波流量传感器的测定原理较多，如传播速度变化法、波速移动法、多普勒效应法等，目前应用较广的主要是超声波传输时间差法。

超声波在流体中传输时，在静止流体和流动流体中的传输速度是不同的，利用这一特点可以求出流体的速度，再根据管道流体的截面积，便可知道流体的流量。

如果在流体中设置两个超声波传感器，它们可以发射超声波又可以接收超声波，一个装在上游，一个装在下游，其距离为 L，如图 9-8 所示。如设顺流方向的传输时间为 t_1，逆流方向的传输时间为 t_2，流体静止时的超声波传输速度为 c，流体流动速度为 v，则

$$t_1 = L/(c+v) \tag{9-12}$$

$$t_2 = L/(c-v) \tag{9-13}$$

图 9-8　超声波测流量原理图

一般来说，流体的流速远小于超声波在流体中的传播速度，那么超声波传播时间差为

$$\Delta t = t_2 - t_1 = 2Lv /(c^2-v^2) \tag{9-14}$$

由于 $c>>v$，从上式便得到流体的流速，即

$$v = (c^2 /2L)\Delta t \tag{9-15}$$

则液体的流量为

$$Q = v\pi（D/2）^2 \tag{9-16}$$

在实际应用中，超声波传感器安装在管道的外部，从管道的外面透过管壁发射和接收，超声波不会给管内流动的流体带来影响，此时超声波的传输时间将由下式确定，即

$$t_1 = \frac{D/\cos\theta}{c + v\sin\theta} \tag{9-17}$$

$$t_2 = \frac{D/\cos\theta}{c - v\sin\theta} \tag{9-18}$$

超声波流量传感器具有不阻碍流体流动的特点，可测流体种类很多，不论是非导电的流体，还是高黏度的流体、浆状流体，只要能传输超声波的流体都可以进行测量。超声波流量计可用来对自来水、工业用水、农业用水等进行测量。还可用于下水道、农业灌溉、河流等流速的测量。

4. 超声波加湿器

图 9-9（a）是常用的超声波加湿器，适用于对房间的空气进行加湿。

超声波加湿器电路如图 9-9（b）所示。主要由 VT1 及其外围元件构成的超声波振荡器组成。SL 是干簧管磁敏传感器，它与 N-S 极性的磁浮子共同构成水位控制开关。B 为超声波传感器。220V 交流电压经电源开关 SA_1、交流熔断器 FU_1、加热源指示灯 HL、排雾风扇电动机 M 及电源变压器 T 初级线圈，从 T 次级线圈输出的 45V 交流低压经 $VD_1 \sim VD_4$ 桥式整流、C_1 滤波后得到约 50V 直流电压，作为后级电路工作电源。

超声波振荡电路由 VT1、L_1、L_2 等组成，振荡频率与换能器 B 的固有谐振频率相同。换能器 B 既是谐振元件，又是电路负载。R_{P1} 是雾量调整电位器，R_{P2} 是辅助微调电位器。调整电位器 R_{P1} 则改变 VT1 的直流偏置电压，可在一定范围内调整振荡输出幅度。振幅越大，产生的雾量越多。

5. 汽车倒车探测器

选用封闭型的发射超声波传感器 MA40EIS 和接收超声波传感器 MA40EIR 安装在汽车尾部

的侧角处，按图9-10所示电路装配即可构成一个汽车倒车尾部防撞探测器。

（a）实物图　　　　　　　　　　　（b）电路图

图 9-9　超声波加湿器

该电路分为超声波发射电路、超声波接收电路和信号处理电路。

（1）超声波发射电路

如图 9-10（c）所示，超声波发射电路由时基电路 555 组成，555 振荡电路的频率可以调整，调节电位器 R_{P1} 可将接收超声波传感器的输出电压频率调至最大，通常可调至 40kHz。

（2）超声波接收电路

如图 9-10（c）所示，超声波接收电路使用超声波接收传感器 MA40EIR，MA40EIR 的输出由集成比较器 LM393 进行处理。LM393 输出的是比较规范的方波信号。

（3）信号处理电路

信号处理电路用集成电路 LM2901N，它原是测量转速用的 IC，其内部有 F/V 转换器和比较器，它的输入要求有一定频率的信号。

由图 9-10（a）可以看出，由于两个串联 5.1kΩ电阻的分压，LM2901N 的 10 脚上的电压 V_{OP-} = 6V，这是内部比较器的参考电压。内部比较器的 4 脚电压 V_{OP+} 为输入电压，它是 R(5.1kΩ) 上的电压，这个电压是和频率有关的。当 $V_{OP+}>V_{OP-}$ 时，比较器输出高电平"1"，LM2901N 内部三极管导通（或饱和）输出低电平"0"，则发光二极管 LED 点亮。也就是说，平时 MA40EIR 无信号输入，当检测物体存在时，物体反射超声波，MA40EIR 就会接收到超声波，使 $V_{OP+}>V_{OP-}$，发光二极管 LED 点亮。超声波发射传感器、接收传感器和被探测物体之间的角度、位置均应通过调试来确定。

当超声波发射器和接收器的位置确定时，移动被测物体的位置，当倒车时对车尾或车尾后侧的安全构成威胁时，应使 LED 点亮以示报警，这一点要借助于微调电位器 R_{P1} 进行。调试好发射器、接收器的位置、角度后，再往车后处安装。报警的方式可以用红色发光二极管，也可采用蜂鸣器或扬声器报警，采用声光报警则更佳。

（a）汽车尾部防撞探测器电路　　　　　　　　　（b）LM2901N 内部简化电路

（c）超声波发射和接收电路

图 9-10　汽车倒车尾部防撞探测器原理图

本章小结

　　机械振动在弹性介质内的传播称为波动，简称波。人能听见声音的频率为 20Hz～20kHz，即为声波，20Hz 以下的声音称为次声波，20kHz 以上的声音称为超声波。

　　超声波从一种介质传播到另一种介质，在两种介质的分界面上一部分能量被反射回原介质，叫做反射波，另一部分透射过界面，在另一种介质内部继续传播，则叫做折射波。这样的两种情况称之为声波的反射和折射。

　　产生和接收超声波的装置叫做超声波传感器，习惯上称为超声波换能器，或超声波探头。逆压电效应将高频电振动转换成高频机械振动，以产生超声波，可作为发射探头。而利用压电效应则将接收的超声波振动转换成电信号，可作为接收探头。

为使超声波能顺利地入射到被测介质中，在工业中，经常使用一种称为耦合剂的液体物质，使之充满在接触层中，起到传递超声波的作用。

思考与练习

9.1　什么是次声波、声波和超声波？

9.2　声波的传播波形主要有什么形式？各有什么特点？

9.3　试述声波的反射定律和折射定律。

9.4　超声波在介质中传播时，能量逐渐衰减，其衰减的程度与哪些因素有关？

9.5　试述超声波探头的工作原理。

9.6　超声波探测中耦合剂的作用是什么？

9.7　设超声波声源的直径 $D=20mm$，垂直射入钢板的超声波频率为 5MHz，求指向角 θ。由此可得出什么结论？

9.8　超声波物位测量的原理是什么？分析影响测量精度的因素。

9.9　超声波有哪些特点？超声波传感器有哪些用途？

9.10　简述汽车倒车探测器的工作过程。

第10章

数字式传感器及应用

随着微型计算机的迅速发展和广泛应用，信号的检测、控制和处理已进入到数字化时代。通常采用模拟式传感器获取模拟信号，利用 A/D 转换器将模拟信号转换成数字信号，再用微机和其他数字设备进行处理，这种方法简便易行，但系统的构成也很复杂。数字式传感器就是为了解决这些问题而出现的，它能把被测模拟量直接转换成数字信号输出。

目前，常用的数字式传感器有栅式数字传感器、编码器式数字传感器、频率/数字输出式数字传感器、感应同步器式数字传感器四大类。

10.1

栅式数字传感器

根据栅式数字传感器的工作原理，可分为光栅式数字传感和磁栅式数字传感两种。光栅是由很多等节距的透光缝隙和不透光的刻线均匀相间排列构成的光电器件。按其原理和用途，它又可分为物理光栅和计量光栅。物理光栅利用光的衍射现象，主要用于光谱分析和光波长等量的测量。计量光栅主要利用莫尔现象，测量位移、速度、加速度、振动等物理量。

本节主要介绍透射式的长度计量光栅。它是利用光栅莫尔条纹现象，把光栅作为测量元件，具有结构原理简单、测量精度高等优点，在数控机床和仪器的精密定位或长度、速度、加速度、振动测量等方面得到了广泛应用。

10.1.1　光栅的类型和结构

在计量工作中应用的光栅称为计量光栅。从光栅的光线走向来看，可分为透射式光栅和反射式光栅两大类。透射式光栅一般用光学玻璃做基体，在其上均匀地刻划上等间距、等宽度的条纹，形成连续的透光区和不透光区。反射式光栅用不锈钢做基体，在其上用化学方法制作出黑白相间的条纹，形成强反光区和不反光区。如图 10-1 所示，光栅上栅线的宽度为 a，线间宽度为 b，一般取 $a=b$，而 $W=a+b$，W 称为光栅栅距。长光栅的栅线密度一般为 10 线/mm、25

线/mm、50 线/mm、100 线/mm 和 200 线/mm 等几种。

计量光栅由主光栅（又称标尺光栅）和指示光栅组成。主光栅和指示光栅的栅线刻线宽度和间距完全一样。将指示光栅与主光栅重叠在一起，两者之间保持很小的间隙。主光栅和指示光栅中一个固定不动，另一个安装在运动部件上，两者之间可以形成相对运动。

（a）长光栅　　　　　　　　　（b）径向圆光栅

图 10-1　光栅刻线

计量光栅按其形状和用途可分为长光栅和圆光栅两类。

1. 长光栅

长光栅又称为光栅尺，用于长度或直线位移的测量。

按栅线形状的不同，长光栅可分为黑白光栅和闪耀光栅。黑白光栅是指只对入射光波的振幅或光强进行调制的光栅，所以也称为振幅光栅。黑白光栅如图 10-2 所示。闪耀光栅是对入射光波的相位进行调制，也称为相位光栅，按其刻线的断面形状可分为对称和不对称两种，如图 10-3 所示。

（a）黑白光栅实物图　　　　　（b）黑白光栅示意图　　　　　（c）光栅放大图

图 10-2　黑白光栅

2. 圆光栅

圆光栅又称为光栅盘，用来测量角度或角位移。根据刻线的方向可分为径向光栅和切向光栅，如图 10-4 所示。径向光栅的延长线全部通过光栅盘的圆心，切向光栅栅线的延长线全部与光栅盘中心的一个小圆（直径为零点几到几毫米）相切。

圆光栅的两条相邻栅线的中心线之间的夹角称为角节距，每周的栅线数从较低精度的 100 线到高精度等级的 21 600 线不等。

（a）对称形　　　（b）非对称形

图 10-3　闪耀光栅刻线断面

（a）圆光栅实物图　　　　　　　　　（b）径向光栅　　　　　　　　（c）切向光栅

图 10-4　圆光栅

10.1.2　光栅的工作原理

1. 长光栅的莫尔条纹

计量光栅的基本元件是主光栅和指示光栅。它们是在一块长条形光学玻璃上，均匀刻上许多明暗相间、宽度相等的刻线，如图 10-5 所示。

图 10-5　光栅与莫尔条纹示意图（$\theta \neq 0$）

若将两块光栅（主光栅、指示光栅）叠合在一起，并且使它们的刻线之间成一个很小的角度 θ，由于遮光效应，两块光栅的刻线相交处形成亮带；而在一块光栅的刻线与另一块光栅的缝隙相交处形成暗带；在与光栅刻线垂直的方向，将出现明暗相间的条纹，这些条纹就称为莫尔条纹。

如果改变 θ 角，莫尔条纹间距 B 也随之变化。由图 10-5 所示可知，条纹间距 B 与栅距 W 和夹角 θ 有如下关系。

$$\tan \frac{\theta}{2} = \frac{\frac{W'}{2}}{B}, \quad W' = \frac{W}{\cos \frac{\theta}{2}}$$

所以

$$B = \frac{\frac{W'}{2}}{\tan \frac{\theta}{2}} \approx \frac{W}{\theta} \qquad (10\text{-}1)$$

当指示光栅沿着主光栅刻线的垂直方向移动时，莫尔条纹将会沿着这两个光栅刻线夹角的平分线的平行方向移动，光栅每移动一个 W，莫尔条纹也移动一个间距 B。θ 越小，则 B 越大。

2. 横向莫尔条纹的特点

（1）放大作用

由式（10-1）可知，θ 越小，B 越大，这相当于把栅距 W 放大了 $1/\theta$ 倍。例如 $\theta=0.1°$，则 $1/\theta \approx 573$，即莫尔条纹宽度 B 是栅距 W 的 573 倍，这相当于把栅距放大了 573 倍，说明光栅具有位移放大作用，从而提高了测量的灵敏度。

（2）平均效应

莫尔条纹由大量的光栅栅线共同形成，所以对光栅栅线的刻划误差有平均作用。通过莫尔条纹所获得的精度可以比光栅本身栅线的刻划精度还要高。

（3）运动方向

当两光栅沿与栅线垂直的方向作相对运动时，莫尔条纹则沿光栅刻线方向移动（两者运动方向垂直）；光栅反向移动，莫尔条纹亦反向移动。如图 10-5 所示，当指示光栅向右移动时，莫尔条纹则向上移动。

（4）对应关系

两块光栅沿栅线垂直方向作相对移动时，莫尔条纹的亮带与暗带将顺序自上而下不断掠过光敏元件。光敏元件接受到的光强变化近似于正弦波变化。光栅移动一个栅距 W，光强变化一个周期，如图 10-6 所示。

（5）莫尔条纹移过的条纹数等于光栅移过的栅线数

图 10-6　光栅位移与光强关系

例如采用 100 线/mm 光栅时，若光栅移动了 x mm（即移过了 $100x$ 条光栅栅线），则从光电元件前掠过的莫尔条纹数也为 $100x$ 条。由于莫尔条纹间距比栅距宽得多，所以能够被光敏元件识别。将此莫尔条纹产生的电脉冲信号计数，就可知道移动的实际位移。

10.1.3　光栅式传感器的测量电路

计量光栅作为一个完整的测量装置包括光栅读数头、光栅数显表两大部分。光栅读数头把输入量（位移量）转换成相应的电信号，光栅数显表是实现细分、辨向和显示功能的电子系统。

1. 光电转换

光电转换装置（光栅读数头）主要由主光栅、指示光栅、光路系统和光电元件等组成，如图 10-7 所示。主光栅的有效长度即为测量范围，指示光栅比主光栅短得多。主光栅一般固定在被测物体上，且随被测物体一起移动，指示光栅相对于光电元件固定。

莫尔条纹是一个明暗相间的光带。两条暗带中心线之间的光强变化是从最暗、渐亮、最亮、渐暗直到最暗的渐变过程。主光栅移动一个栅距 W，光强变化一个周期，若用光电元件

接收莫尔条纹移动时光强的变化，则将光信号转换为电信号，接近于正弦周期函数，如以电压输出，即

$$u_o = U_o + U_m \sin\left(\frac{\pi}{2} + \frac{2\pi x}{W}\right) \qquad (10\text{-}2)$$

输出电压反映了位移量的大小，如图 10-8 所示。

图 10-7　光栅读数头结构示意图

1—光源　2—透镜　3—主光栅　4—指示光栅　5—光电元件

图 10-8　光电元件输出波形

2. 辨向原理

采用一个光电元件的光栅传感器，无论光栅是正向移动还是反向移动，莫尔条纹都做明暗交替变化，光电元件总是输出同一规律变化的电信号，此信号只能计数，不能辨向。为此，必须设置辨向电路。

通常可以在与莫尔条纹相垂直的方向上，在相距 $B/4$（相当于电角度 1/4 周期）的距离处设置 sin 和 cos 两套光电元件，这样就可以得到两个相位相差 $\pi/2$ 的电信号 u_{os} 和 u_{oc}，经放大、整形后得到 u'_{os} 和 u'_{oc} 两个方波信号，分别送到如图 10-9（a）所示的辨向电路中。从图 10-9（b）可以看出，在指示光栅向右移动时，u'_{os} 的上升沿经 R_1、C_1 微分后产生的尖脉冲 u_{R1} 正好与 u'_{oc} 的高电平相与，IC_1 处于开门状态，与门 IC_1 输出计数脉冲，并送到计数器的 UP 端（加法端）作加法计数。而 u'_{os} 经 IC_3 反相后产生的微分尖脉冲 u_{R2} 正好被 u'_{oc} 的低电平封锁，与门 IC_2 无法产生计数脉冲，始终保持低电平。

反之，当指示光栅向左移动时，由图 10-9（c）可知，IC_1 关闭，IC_2 产生计数脉冲，并被送到计数器的 DOWN 端（减法端），作减法计算。从而达到辨别光栅正、反方向移动的目的。

（a）辨向电路

图 10-9　辨向逻辑电路原理图

（b）正向运动的波形图　　　　（c）反向运动的波形图

图 10-9　辨向逻辑电路原理图（续）

3. 细分技术

由前面分析可知当两光栅相对移动一个栅距 W，莫尔条纹移动一个间距 B，光电元件输出变化一个电周期 2π，经信号转换电路输出一个脉冲，若按此进行计数，则它的分辨力为一个光栅栅距 W。为了提高分辨力，可以采用增加刻线密度的方法来减少栅距，但这种方法受到制造工艺或成本的限制。另一种方法是采用细分技术，可以在不增加刻线数的情况下提高光栅的分辨力，在光栅每移动一个栅距，莫尔条纹变化一周时，不只输出一个脉冲，而是输出均匀分布的 n 个脉冲，从而使分辨力提高到 W/n。由于细分后计数脉冲的频率提高了，因此细分又叫做倍频。

细分的方法有很多种，常用的细分方法是直接细分，细分数为 4，所以又称四倍频细分。实现的方法有两种：一种是在莫尔条纹宽度内依次放置 4 个光电元件采集不同相位的信号，从而获得相位依次相差 90° 的 4 个正弦信号，再通过细分电路，分别输出 4 个脉冲。另一种方法是采用在相距 $B/4$ 的位置上，放置两个光电元件，首先得到相位差 90° 的两路正弦信号 S 和 C，然后将此两路信号送入如图 10-10（a）所示的细分辨向电路。这两路信号经过放大器放大，再由整形电路整形为两路方波信号。并把这两路信号各反向一次，就可以得到四路相位依次为 90°、180°、270°、360° 方波信号，它们经过 RC 微分电路，就可以得到 4 个尖脉冲信号。当指示光栅正向移动时，4 个微分信号分别和有关的高电平相与。同辨向原理中阐述的过程相类似，可以在一个 W 的位移内，在 IC_1 的输出端得到 4 个加法计数脉冲，如图 10-10（b）中 u_{z1} 波形所示，而 IC_2 保持低电平。当指示光栅反向移动一个栅距 W 时，就在 IC_2 的输出端得到 4 个减法脉冲。这样，计数器的计数结果就能正确地反映光栅副的相对位置。

图 10-10　四倍频细分原理

10.2

编码器

将机械转动的模拟量（位移）转换成以数字代码形式表示的电信号，这类传感器称为编码器。编码器以其高精度、高分辨率和高可靠性被广泛用于各种位移的测量。

编码器主要分为脉冲盘式和码盘式两大类。脉冲盘式编码器不能直接输出数字编码，需要增加有关数字电路才能得到数字编码。码盘式编码器也称为绝对编码器，它将角度或直线坐标转换为数字编码，能方便地与数字系统（如微机）连接。码盘式编码器按其结构可分为接触式、光电式和电磁式 3 种，后两种为非接触式编码。

10.2.1　接触式码盘编码器

1.　结构与工作原理

接触式码盘编码器由码盘和电刷组成，适用于角位移测量。码盘利用制造印刷电路板的工艺，在铜箔板上制作某种码制（如 8421 码、循环码等）图形的盘式印刷电路板。电刷是一种活动触头结构，在外界力的作用下，旋转码盘时，电刷与码盘接触处就产生某种码制的数字编码输出。下面以四位二进制码盘为例，如图 10-11 所示，说明其工作原理和结构。

（a）8421 码的码盘　　　　　　　　　（b）四位循环码的码盘

图 10-11　接触式四位二进制码盘

涂黑处为导电区，将所有导电区连接到高电位（"1"），空白处为绝缘区，为低电位（"0"）。四个电刷沿着某一径向安装，四位二进制码盘上有四圈码道，每个码道有一个电刷，电刷经电阻接地。当码盘转动某一角度后，电刷就输出一个数码；码盘转动一周，电刷就输出 16 种不同的四位二进制数码，如表 10-1 所示。由此可知，二进制码盘所能分辨的旋转角度为 $\alpha = 360/2^n$，若 $n = 4$，则 $\alpha = 22.5°$。位数越多，分辨的角度越小，若取 $n = 8$，则 $\alpha = 1.4°$。当然，可分辨的角度越小，对码盘和电刷的制作和安装要求越严格。当 n 达到一定位数后（一般为 $n > 8$），这种接触式码盘将难以制作。

8421 码制的码盘，如图 10-11（a）所示，由于电刷安装不可能绝对精确，必然存在机械偏差，这种机械偏差会产生非单值误差。例如，由二进制码 0111 过渡到 1000 时（电刷从 h 区过渡到 i 区），即由 7 变为 8 时，如果电刷进出导电区的先后是不一致的，此时就会出现 8～15 间的某个数字。这就是所谓的非单值误差。

2. 消除非单值误差的办法

（1）采用循环码（格雷码）

循环码盘结构如图 10-11（b）所示。采用循环码制可以消除非单值误差。循环码的特点是任意一个半径径线上只可能一个码道上会有数码的改变，其编码如表 10-1 所示。这一特点可以避免制造或安装不精确而带来的非单值误差。因此，采用循环码盘比采用 8421 码盘的准确性和可靠性要高得多。

表 10-1　　　　　　　　电刷在不同位置时对应的数码

角　　　度	电 刷 位 置	二进制码（B）	循环码（R）	十 进 制 数
0	a	0000	0000	0
1α	b	0001	0001	1
2α	c	0010	0011	2
3α	d	0011	0010	3
4α	e	0100	0110	4
5α	f	0101	0111	5
6α	g	0110	0101	6
7α	h	0111	0100	7
8α	i	1000	1100	8
9α	j	1001	1101	9
10α	k	1010	1111	10
11α	l	1011	1110	11
12α	m	1100	1010	12
13α	n	1101	1011	13
14α	o	1110	1001	14
15α	p	1111	1000	15

（2）扫描法

扫描法有 V 扫描、U 扫描以及 M 扫描 3 种。其中 V 扫描是在最低值码道上安装一个电刷，其他位码道上均安装两个电刷：一个电刷位于被测位置的前边，称为超前电刷；另一个放在被测位置的后边，称为滞后电刷。这种方法的原理是根据二进制码的特点设计的。由于 8421 码制的二进制码是从最低位向高位逐级进位的，最低位变化最快；高位变化逐渐减慢。当某一个二进制码的第 i 位是 1 时，该二进制码的第 $i+1$ 位和前一个数码的 $i+1$ 位状态是一样的，故该数码的第 $i+1$ 位的真正输出要从滞后电刷读出。相反，当某个二进制码的第 i 位是 0 时，该数码的第 $i+1$ 位的输出要从超前电刷读出。读者可以从表 10-1 的数码来证实。

10.2.2　光电式编码器

接触式编码器的分辨率受电刷的限制不可能很高；而光电式编码器由于使用了体积小、易于集成的光电元件代替机械的接触电刷，其测量精度和分辨率能达到很高水平。

如图 10-12 所示，光电式编码器的最大特点是非接触式的。因此，它的使用寿命长，可靠性高。它是一种绝对编码器，几位编码器码盘上就有几个码道，编码器在转轴的任何位置都可以输出一个固定的与位置相对的数字码。这一点与接触式码盘编码器是一样的。不同的是光电式编码器的码盘采用照相腐蚀工艺，在一块圆形光学玻璃上刻有透光和不透光的码形。在几个码道上，装有相同个数的光电转换元件代替接触式编码器的电刷，并将接触式码盘上的高、低电位用光源代替。当光源经光学系统形成一束平行光投射在码盘上时，光经过码盘的透光和不透光区，脉冲

图 10-12　光电式编码器示意图
1—光源　2—透镜　3—码盘
4—窄缝　5—光电元件组

光照射在码盘的另一侧的光电元件上，这些光电元件就输出与码盘上的码形（码盘的绝对位置）相对应的（开关/高低电平）电信号。光电式编码器与接触式码盘编码器一样，可以采用循环码或 V 扫描法来解决非单值误差的问题。

10.2.3　电磁式编码器

电磁式编码器是近几年发展起来的新型传感器。它主要由磁鼓与磁阻探头组成，如图 10-13 所示。多极磁鼓常用的有两种：一种是塑磁磁鼓，在磁性材料中混入适当的粘合剂，注塑成型；另一种是在铝鼓外面覆盖一层黏结磁性材料而制成。多极磁鼓产生的空间磁场由磁鼓的大小和磁层厚度决定，磁阻探头由磁阻元件通过微细加工技术而制成，磁阻元件电阻值仅和电流方向成直角的磁场有关，而与电流平行的磁场无关。

电磁式编码器的码盘上按照一定的编码图形，做成磁化区（导磁率高）和非磁化区（导

图 10-13　电磁式编码器的基本结构
1—磁鼓　2—气隙　3—磁敏传感部件　4—磁敏电阻

磁率低）。采用小型磁环或微型马蹄形磁芯作磁头，磁环或磁头紧靠码盘，但又不与码盘表面接触。每个磁头上绕两组绕组，原边绕组用恒幅恒频的正弦信号激励，副边绕组用作输出信号。副边绕组感应码盘上的磁化信号转化为电信号，其感应电势与两绕组匝数比和整个磁路的磁导有关。当磁头对准磁化区时，磁路饱和，输出电压很低，如磁头对准非磁化区，它就类似于变压器，输出电压会很高，因此可以区分状态"1"和"0"。几个磁头同时输出，就形成了数码。

电磁式编码器精度高，寿命长，工作可靠，对环境条件要求较低，但成本较高。

10.2.4 脉冲盘式编码器

脉冲盘式编码器又称为增量编码器。增量编码器一般只有 3 个码道，它不能直接产生编码输出，故它不具有绝对码盘码的含义，这是脉冲盘式编码器与绝对编码器的不同之处。

1. 脉冲盘式编码器的结构和工作原理

脉冲盘式编码器的圆盘上等角距地开有两道缝隙，内外圈（A、B）的相邻两缝错开半条缝宽，另外在某一径向位置（一般在内外两圈之外）开有一狭缝，表示码盘的零位。在它们相对的两侧面分别安装光源和光电接收元件，如图 10-14 所示。当转动码盘时，光线经过透光和不透光的区域，每个码道将有一系列光电脉冲由光电元件输出，每转过一周码道上有多少缝隙就将有多少个相差 90° 的两相（A、B 两路）脉冲和一个零位（C 相）脉冲输出。脉冲盘式编码器的精度和分辨率与绝对编码器一样，主要取决于码盘本身的精度。

图 10-14 脉冲盘式编码器示意图

2. 旋转方向的判别

为了辨别码盘旋转方向，可以采用如图 10-15 所示的电路，利用 A、B 两相脉冲来实现。光电元件 A、B 输出信号经放大整形后，产生 P_1 和 P_2 脉冲。将它们分别接到 D 触发器的 D 端和 CP 端，由于 A、B 两相脉冲（P_1 和 P_2）相差 90°，D 触发器在 CP 脉冲（P_2）的上升沿触发。正转时 P_1 脉冲超前 P_2 脉冲，D 触发器的 Q = "1"表示正转；当反转时，P_2 脉冲超前 P_1 脉冲，D 触发器的 Q = "0"表示反转。可以用 Q 作为控制可逆计数器是正向还是反向计数，即可将光电脉冲变成编码输出。C 相脉冲（零位脉冲）接至计数器的复位端，实现每码盘转动一圈复位一次计数器的目的。码盘无论正转还是反转，计数器每次反映的都是相对于上次角度的增量，故这种测量称为增量法。

除了光电式的增量编码器外，目前还相继开发了光纤增量传感器和霍尔效应式增量传感器等，它们都得到了广泛的应用。

（a）辨向原理框图

正转　　　　　　　　　　　　反转

P_1

P_2

$Q=$ "1"　　　　　　　　　　　$Q=$ "0"

P

（b）波形图

图 10-15　辨向原理

10.3

感应同步器

感应同步器是 20 世纪 60 年代末发展起来的一种高精度位移（直线位移、角位移）传感器。按其用途可分为测量直线位移的线位移感应同步器和测量角位移的圆盘感应同步器两大类。直线式感应同步器广泛应用于坐标镗床、坐标铣床及其他机床的定位、数控和数显。旋转式感应同步器常用于精密机床或测量仪器的分度装置等，也用于雷达天线定位跟踪。其类型和特性如表 10-2 所示。

表 10-2　　　　　　　　　　　　　　　　感应同步器类型和特性

类　型		特　　　性
直线式感应同步器	标准型	精度高、可扩展，用途最广
	窄型	精度较高，用于安装位置不宽敞的地方，可扩展
	带型	精度较低，定尺长度达 3m 以上，对安装面要求精度不高
旋转式感应同步器		精度高，极数多，易于误差补偿，精度与极数成正比

10.3.1　直线式感应同步器的结构和工作原理

感应同步器是应用电磁感应定律把位移量转换成电量的传感器。它的基本结构由两个平面矩形线圈组成，它们相当于变压器的初、次级绕组，通过这两个绕组间的互感值随位置变化来检测位移量。

1. 载流线圈所产生的磁场

矩形载流线圈中通过直流电流 I 时的磁场分布示意图如图 10-16 所示，线圈内外的磁场方向相反。如果线圈中通过的电流为交流电流 i（$i=I\sin\omega t$），并使一个与该线圈平行的闭合探测线圈贴近这个载流线圈从左至右（或从右至左）移过，如图 10-17 所示。在图 10-17（a）和图 10-17（c）两图所示的情况下，通过闭合探测线圈的磁通量和恒为零，所以在探测线圈内感应出来的电动势为零；在图 10-17（b）所示的情况下，通过闭合探测线圈的（交变）磁通量最大，所以在探测线圈内感应出来的电动势也最大。

图 10-16　载流线圈产生的磁场分布示意图　　　图 10-17　探测线圈内的感应电动势

2. 直线式感应同步器的基本结构

直线式感应同步器的绕组结构如图 10-18（a）所示。它由定尺和滑尺两部分组成，如图 10-18（b）和图 10-18（c）所示。定尺和滑尺可利用印刷电路板的生产工艺，用覆铜板制成。滑尺上有两个绕组，一个是正弦绕组 1—1′，另一个是余弦绕组 2—2′，彼此相距 $\pi/2$ 或 $3\pi/4$。当定尺栅距为 W_2 时，滑尺上的两个绕组间的距离 L_1 应满足如下关系：$L_1=(n/2+1/4)W_2$。$n=0$ 时相差 $\pi/2$，$n=1$ 时相差 $3\pi/4$，$n=2$ 时相差 $5\pi/4$。

（a）线位移感应同步器示意图

（b）定尺绕组

图 10-18　直线式感应同步器的绕组结构

（c）滑尺绕组

图 10-18　直线式感应同步器的绕组结构（续）

3. 直线式感应同步器的工作原理

滑尺上的正弦绕组和余弦绕组相对于定尺绕组在空间错开 1/4 节距，如图 10-19（a）所示。工作时，当在滑尺两个绕组中的任一绕组加上激励电压时，由于电磁感应，在定尺绕组中会感应出相同频率的感应电压，通过对感应电压的测量，可以精确地测量出位移量。

（a）直线式感应同步器的定尺和滑尺

（b）定尺上的感应电压与滑尺位置的关系

图 10-19　感应同步器工作原理图

图 10-19（b）所示为滑尺在不同位置时定尺上的感应电压。在 A 点时，定尺与滑尺余弦绕组重合，这时感应电压最大；当滑尺余弦绕组相对于定尺平行移动后，感应电压逐渐减小，在错开 1/4 节距的 B 点时，感应电压为零；再继续移至 1/2 节距的 C 点时，得到感应电压的最小值。这样，当滑尺余弦绕组在移动一个节距的过程中，感应电压变化了一个余弦波形，如图 10-19（b）中的曲线 2 所示。同理，当滑尺正弦绕组移动一个节距后，在定尺中将会感应出一个正弦电压波形，如图 10-19（b）中的曲线 1 所示。

4. 直线式感应同步器输出信号的检测

对于由感应同步器组成的检测系统，可以采取不同的励磁方式，对输出信号采用不同的处理方法。从励磁方式来说，可分成两大类：一类是以滑尺（或定子）为励磁，由定尺（或转子）取出感应电势信号；另一类以定尺为励磁，由滑尺取出感应电势信号。目前使用最多的是第 1 类励磁方式。对输出感应电势信号可采取不同的处理方法来达到测量目的，一般分为鉴相型和鉴幅型两种检测系统。

（1）鉴相型——根据感应电动势的相位来鉴别位移量

当正弦绕组单独励磁时，设励磁电压为 $u_s = U_m \sin \omega t$。

定尺绕组中的感应电动势为

$$e_s = kU_m \cos \omega t \sin \theta \tag{10-3}$$

当余弦绕组单独励磁时，设励磁电压为 $u_c = -U_m \cos \omega t$。

定尺绕组中的感应电动势为

$$e_c = kU_m \sin \omega t \cos \theta \tag{10-4}$$

式中，k——电磁耦合系数；

θ——机械位移相位角（机械角），rad。

当正向运动时，定尺输出的总感应电动势为

$$e = e_c + e_s = kU_m \sin \omega t \cos \theta + kU_m \cos \omega t \sin \theta$$
$$= k\omega U_m \sin(\omega t + \theta) \tag{10-5}$$

当反向运动时，定尺输出的总感应电动势为

$$e = k\omega U_m \sin(\omega t - \theta) \tag{10-6}$$

式中，$\theta = \dfrac{2\pi}{W}x$。

因此，相对位移量 x 与相位角 θ 呈线性关系，只要能测出相位角 θ，就可求得位移量 x。

（2）鉴幅型——根据感应电动势的幅值来鉴别位移量

对滑尺上正弦、余弦绕组供以同频、同相，但幅值不等的交流励磁电压，则可根据感应电动势的幅值来鉴别位移量，称为鉴幅型。滑尺上的正、余弦交流励磁电压分别为

$$u_s = -U_s \cos \omega t = U_m \sin \varphi \cos \omega t$$
$$u_c = U_c \cos \omega t = U_m \cos \varphi \cos \omega t$$

滑尺上的交流励磁电压分别在定尺绕组中感应电动势为

$$\begin{cases} e_c = kU_m \cos \varphi \sin \omega t \cos \theta \\ e_s = kU_m \sin \varphi \sin \omega t \sin \theta \end{cases} \tag{10-7}$$

定尺绕组总的感应电动势为

$$e = e_c + e_s = kU_m \cos \varphi \sin \omega t \cos \theta + kU_m \sin \varphi \sin \omega t \sin \theta$$
$$= kU_m \cos(\varphi - \theta) \sin \omega t \tag{10-8}$$

式中，φ——给定电角度。

位移 $x = \dfrac{\theta}{2\pi}W$，感应电动势幅值为 $kU_m \cos(\varphi - \theta)$。

10.3.2　旋转式感应同步器（圆感应同步器）

旋转式感应同步器由定子和转子两部分组成，它们呈圆片形状，用直线式感应同步器的制造工艺制作两绕组，如图 10-20 所示。定子、转子分别相当于直线式感应同步器的定尺和滑尺。目前旋转式感应同步器的直径一般有 50mm、76mm、178mm 和 302mm 等几种。径向导体数（极数）有 360、720 和 1 080 几种。转子是绕转轴旋转的，通常采用导电环直接耦合输出，或者通过耦合变压器，将转子初级感应电势经气隙耦合到定子次级上输出。旋转式感应同步器在极数相同情况下，同步器的直径越大，其精度越高。

（a）旋转式感应同步器结构示意图　　　　（b）转子绕组　　　　（c）定子绕组

图 10-20　定子、转子绕组

1—有效导体　2—内端面　3—外端面

10.3.3　感应同步器位移测量系统

图 10-21 为感应同步器鉴相测量方式数字位移测量装置方框图。脉冲发生器输出频率一定的脉冲序列，经过脉冲—相位变换器进行 N 分频后，输出参考信号方波 θ_0 和指令信号方波 θ_1。参考信号方波 θ_0 经过励磁供电线路，转换成振幅和频率相同而相位差为 90° 的正弦、余弦电压，给感应同步器滑尺的正弦、余弦绕组励磁。感应同步器定尺绕组中产生的感应电压，经放大和整形后成为反馈信号方波 θ_2。指令信号 θ_1 和反馈信号 θ_2 同时送给鉴相器，鉴相器既判断 θ_2 和 θ_1 相位差的大小，又判断指令信号 θ_1 的相位超前还是滞后于反馈信号 θ_2。

图 10-21　鉴相测量方式数字位移测量装置方框图

假定开始时 $\theta_1=\theta_2$，当感应同步器的滑尺相对定尺平行移动时，将使定尺绕组中的感应电压相位 θ_2（即反馈信号的相位）发生变化，此时 $\theta_1\neq\theta_2$，由鉴相器判别之后，将相位差 $\Delta\theta=\theta_2-\theta_1$ 作为误差信号，由鉴相器输出给门电路。此误差信号 $\Delta\theta$ 控制门电路"开门"的时间，使门电路允许脉冲发生器产生的脉冲通过。通过门电路的脉冲，一方面送给可逆计数器去计数并显示出来；另一方面作为脉冲—相位变换器的输入脉冲。在此脉冲作用下，脉冲—相位变换器将修改指令信号的相位 θ_1，使 θ_1 随 θ_2 而变化。当 θ_1 再次与 θ_2 相等时，误差信号 $\Delta\theta=0$，从而门被关闭。当滑尺相对定尺继续移动时，又有 $\Delta\theta=\theta_2-\theta_1$ 作为误差信号去控制门电路的开启，门电路又有脉冲输出，供可逆计数器去计数和显示，并继续修改指令信号的相位 θ_1，使 θ_1 和 θ_2 在新的基础上达到 $\theta_1=\theta_2$。因此在滑尺相对定尺连续不断地移动过程中，就可以实现把位移量准确地用可逆计数器计数和显示出来。

10.4 频率式数字传感器

频率式传感器是将被测非电量转换为频率量，即转换为一系列频率与被测量有关的脉冲，然后在给定的时间内，通过电子电路累计这些脉冲数，从而测得被测量；或者用测量与被测量有关的脉冲周期的方法来测得被测量。

频率式传感器体积小、质量轻、分辨率高，由于传输的信号是一系列脉冲信号，所以具有数字化技术的许多优点，它是传感器技术发展的方向之一。

频率式传感器基本上有以下三种类型。

① 利用力学系统固有频率的变化反映被测参数的值。

② 利用电子振荡器的原理，使被测量的变化转化为振荡器振荡频率的改变。

③ 将被测非电量先转换为电压量，然后再用此电压去控制振荡器的振荡频率，称为压控振荡器。

10.4.1 改变力学系统固有频率的频率传感器

任何弹性体都具有固有振动频率，当外界的作用力（激励）可以克服阻尼力时，它就可能产生振动，其振荡频率与弹性体的固有频率、阻尼特性及激励特性有关。若激励力的频率与弹性体的固有频率相同，大小刚好可以补充阻尼损耗时，该弹性体即可作等幅连续振荡，振动频率为其自身的固有频率。弹性振动体频率式传感器就是利用这一原理来测量有关物理量的。

弹性振动体频率式传感器有振弦式、振膜式、振筒式和振梁式等，下面介绍振弦式频率传感器的基本结构及其激励电路。

（a）基本结构　　　　　　　　（b）激励电路

图 10-22　振弦式频率传感器基本结构及激励电路

振弦式频率传感器基本结构及激励电路如图 10-22 所示。振弦式频率传感器包括振弦、激励电磁铁、夹紧装置三个主要部分。将一根细金属丝置于激励电磁铁所产生的磁场内，振弦的一端固定，另一端与被测量物体的运动部分连接，并使振弦拉紧。作用于振弦上的张力就是传感器的被测量。振弦的张力为 F 时，其固有振动频率可用下式表达。

$$f_0 = \frac{1}{2L}\sqrt{\frac{F}{\rho}} \tag{10-9}$$

式中，L——振弦的有效长度；

　　　ρ——振弦的线密度。

　　用振弦、运算放大器和永久磁铁可以组成一个自激振荡连续激振应力传感器的测量电路，如图 10-22（b）所示。当电路接通时，有一个初始电流流过振弦，振弦在磁场作用下产生振荡。振弦在激励电路中组成一个选频的正反馈网络，不断提供振弦所需要的能量，于是振荡器产生等幅的持续振荡。

　　在这个电路中，电阻 R_2 和振弦支路形成正反馈回路，R_1、R_f 和场效应管 FET 组成负反馈电路。R_3、R_4、二极管 VD 和电容 C 组成的支路给 FET 管提供控制信号，由负反馈支路和场效应管控制支路控制起振条件和自动稳幅。

10.4.2　RC 振荡器式频率传感器

　　温度—频率传感器就是 RC 振荡器式频率传感器的一种类型，如图 10-23 所示。这里利用热敏电阻 R_t 测量温度。R_t 作为 RC 振荡器的一部分，该电路是由运算放大器和反馈网络构成的一种 RC 文氏电桥正弦波发生器。当外界温度 T 变化时，R_t 的阻值也随之变化，RC 振荡器的频率因此而改变。RC 振荡器的振荡频率由下式决定：

$$f = \frac{1}{2\pi}\sqrt{\frac{R_3 + R_T + R_2}{C_1 C_2 R_1 R_2 (R_3 + R_t)}}　　　（10-10）$$

其中 R_t 与温度 T 的关系为

$$R_t = R_0 e^{B(T - T_0)}$$

图 10-23　RC 振荡器式频率传感器

式中，B——热敏电阻的温度系数；

　　　R_t、R_0——温度 T（K）和 T_0（K）时的阻值。

　　电阻 R_2、R_3 的作用是改善其线性特性，流过 R_t 的电流应尽可能地小，以防其自身发热对温度测量的影响。

10.4.3　压控振荡器式频率传感器

　　这类传感器首先将被测非电量转换为电压量，然后去控制振荡器的频率。图 10-24 为一个热电偶压控振荡器，由于热电偶输出的电动势仅为几毫伏到几十毫伏，所以应先进行放大，然后再转换成相应的频率。

图 10-24　热电偶压控振荡器

本章小结

目前常用的数字式传感器有四大类：栅式数字传感器、编码器式数字传感器、频率/数字输出式数字传感器和感应同步器式数字传感器。

栅式数字传感器可分为光栅和磁栅两种。光栅是由很多等节距的透光缝隙和不透光的刻线均匀相间排列构成的光电器件。按其原理和用途，又可分为物理光栅和计量光栅。计量光栅根据莫尔现象，利用光电元件把莫尔条纹转换成电信号。

编码器将机械转动的模拟量（位移）转换成数字代码形式。编码器主要分为脉冲盘式和码盘式两大类。脉冲盘式编码器不能直接输出数字编码，需要增加有关数字电路才能得到数字编码。码盘式编码器也称为绝对编码器，它将角度或直线坐标转换为数字编码，能方便地与数字系统（如微机）连接。

感应同步器是 20 世纪 60 年代末发展起来的一种高精度位移（直线位移、角位移）传感器。按其用途可分为两大类：测量直线位移的线位移感应同步器和测量角位移的圆盘感应同步器。广泛应用于坐标镗床、坐标铣床以及精密机床等。

频率式传感器是将被测非电量转换为频率量，即转换为一列频率与被测量有关的脉冲，然后在给定的时间内，通过电子电路累计这些脉冲数，从而测得被测量；或者用测量与被测量有关的脉冲周期的方法来测得被测量。频率式传感器体积小、质量轻、分辨率高，由于传输的信号是一列脉冲信号，所以具有数字化技术的许多优点，是传感器技术发展的方向之一。

思考与练习

10.1 什么是莫尔效应？简述莫尔条纹的放大作用。

10.2 简述光栅读数头的结构，说明其工作原理。

10.3 简述光栅辨向电路的工作原理。

10.4 简述脉冲盘式编码器和码盘式编码器的区别。

10.5 8421 码制的码盘有何缺点？如何改进？

10.6 简述脉冲盘式编码器的辨向原理。

10.7 简述直线式感应同步器的工作原理。

10.8 简述频率式传感器的基本工作原理。

10.9 频率式传感器有几种类型？各有何特点？

第11章

传感器的选用与标定

11.1 传感器选用原则

现代传感器在原理与结构上千差万别，如何根据具体的测量目的、测量对象以及测量环境合理地选用传感器，是在进行某个量的测量时首先要解决的问题。当传感器确定之后，与之相配套的测量方法和测量设备也就可以确定了。测量结果的成败，在很大程度上取决于传感器的选用是否合理。

选择传感器所应考虑的项目各种各样，但要满足所有项目要求却未必。应根据传感器实际使用目的、指标、环境条件和成本，从不同的侧重点，优先考虑几个重要的条件即可。选择的标准主要考虑以下因素：传感器的性能、传感器的可用性、能量消耗、成本、环境条件以及与购置有关的项目等。

11.1.1 传感器类型的确定

要进行一个具体的测量工作，首先要考虑采用何种原理的传感器，这需要分析多方面的因素之后才能确定。因为，即使是测量同一物理量，也有多种原理的传感器可供选用，哪一种原理的传感器更为合适，则需要根据被测量的特点和传感器的使用条件考虑以下一些具体问题：量程的大小；被测位置对传感器体积的要求；测量方式为接触式还是非接触式；信号的引出方法；传感器的来源，国产还是进口，价格能否承受，还是自行研制。在考虑上述问题之后就能确定选用何种类型的传感器，然后再考虑传感器的具体性能指标。

传感器在实际条件下的工作方式，是选择传感器时应考虑的重要因素。例如，接触与非接触测量、破坏与非破坏性测量、在线与非在线测量等，条件不同，对测量方式的要求亦不同。

在机械系统中，对运动部件的被测参数（例如回转轴的误差、振动、扭矩），往往采用非接触测量方式。因为对运动部件采用接触测量时，有许多实际困难，诸如测量头的磨损、接触状态的变动、信号的采集等问题，都不易妥善解决，容易造成测量误差。这种情况下采用电容式、涡流式、光电式等非接触式传感器很方便，若选用电阻应变片，则需配以遥测应变仪。

在某些条件下，可以运用试件进行模拟实验，这时可进行破坏性检验。然而有时无法用试件模拟，因被测对象本身就是产品或构件，这时宜采用非破坏性检验方法。例如，涡流探伤、超声波探伤检测等。非破坏性检验可以直接获得经济效益，因此应尽可能选用非破坏性检测方法。

在线测试是与实际情况保持一致的测试方法。特别是对自动化过程的控制与检测系统，往往要求信号真实与可靠，必须在现场条件下才能达到检测要求。实现在线检测是比较困难的，对传感器与测试系统都有一定的特殊要求。例如，在加工过程中，实现表面粗糙度的检测，以往的光切法、干涉法、触针法等都无法运用，取而代之的是激光、光纤或图像检测法。研制在线检测的新型传感器，也是当前测试技术发展的一个方面。

11.1.2　传感器性能指标选择

在考虑上述问题之后就能确定选用何种类型的传感器，然后再考虑传感器的具体性能指标。主要性能指标包括传感器灵敏度、响应特性、线性范围、稳定性和精确度等。

1.　灵敏度

一般说来，传感器灵敏度越高越好。因为灵敏度高，就意味着传感器所能感知的变化量小，即只要被测量有一微小变化，传感器就有较大的输出。在确定灵敏度时，还要考虑以下几个问题。

① 当传感器的灵敏度很高时，那些与被测信号无关的外界噪声也会同时被检测到，并通过传感器输出，从而干扰被测信号。因此，为了既能使传感器检测到有用的微小信号，又能使噪声干扰小，就要求传感器的信噪比越大越好。也就是说，要求传感器本身的噪声小，而且不易从外界引进干扰噪声。

② 与灵敏度紧密相关的是量程范围。当传感器的线性工作范围一定时，传感器的灵敏度越高，干扰噪声越大，则难以保证传感器的输入在线性区域内工作。不言而喻，过高的灵敏度会影响其适用的测量范围。

③ 当被测量是一个向量，并且是一个单向量时，就要求传感器单向灵敏度越高越好，而横向灵敏度愈小愈好；如果被测量是二维或三维的向量，那么还应要求传感器的交叉灵敏度越小越好。

2.　响应特性

传感器的响应特性是指在所测频率范围内，保持不失真的测量条件。此外，实际上传感器的响应总不可避免地有一定延迟，只是希望延迟的时间越短越好。一般物性型传感器（如利用光电效应、压电效应等传感器）响应时间短，工作频率宽；而结构型传感器，如电感、电容、磁电等传感器，由于受到结构特性的影响和机械系统惯性质量的限制，其固有频率低，工作频率范围窄。

3.　线性范围

任何传感器都有一定的线性工作范围。在线性范围内输出与输入成比例关系，线性范围愈宽，则表明传感器的工作量程愈大。传感器工作在线性区域内，是保证测量精度的基本条件。

例如，机械式传感器中的测力弹性元件，其材料的弹性极限是决定测力量程的基本因素，当超出测力元件允许的弹性范围时，将产生非线性误差。

然而，对任何传感器，保证其绝对工作在线性区域内是不容易的。在某些情况下，在许可限度内，也可以取其近似线性区域。例如，变间隙型的电容、电感式传感器，其工作区均选在初始间隙附近。而且必须考虑被测量变化范围，令其非线性误差在允许限度以内。

4. 稳定性

稳定性是表示传感器经过长期使用以后，其输出特性不发生变化的性能。影响传感器稳定性的因素是时间与环境。

为了保证稳定性，在选择传感器时，一般应注意两个问题：其一，根据环境条件选择传感器。例如，选择电阻应变式传感器时，应考虑到湿度会影响其绝缘性，湿度会产生零漂，长期使用会产生蠕动现象等。又如，对变极距型电容式传感器，因环境湿度的影响或油剂浸入间隙时，会改变电容器的介质。光电传感器的感光表面有尘埃或水汽时，会改变感光性质。其二，要创造或保持一个良好的环境，在要求传感器长期地工作而不需经常地更换或校准的情况下，应对传感器的稳定性有严格的要求。

5. 精确度

传感器的精确度是表示传感器的输出与被测量的对应程度。如前所述，传感器处于测试系统的输入端，因此，传感器能否真实地反映被测量，对整个测试系统具有直接的影响。

然而，在实际中也并非要求传感器的精确度愈高愈好，这还需要考虑到测量目的，同时还需要考虑到经济性。因为传感器的精度越高，其价格就越昂贵，所以应从实际出发来选择传感器。

在选择时，首先应了解测试目的，判断是定性分析还是定量分析。如果是相对比较性的试验研究，只需获得相对比较值即可，那么应要求传感器的重复精度高，而不要求测试的绝对量值准确。如果是定量分析，那么必须获得精确量值。但在某些情况下，要求传感器的精确度愈高愈好。例如，对现代超精密切削机床，测量其运动部件的定位精度、主轴的回转运动误差、振动及热形变等时，往往要求它们的测量精度在 $0.1\sim0.01m$ 范围内，欲测得这样的精确量值，必须有高精确度的传感器。

除了以上选用传感器时应充分考虑的一些因素外，还应尽可能兼顾结构简单、体积小、质量轻、价格便宜、易于维修、易于更换等条件。

11.2
传感器的标定

11.2.1 标定的概念

标定是在明确传感器的输入与输出变换关系的前提下，利用某种标准量或标准器具对传感器的量值进行标度。

传感器的标定分为静态标定和动态标定两种。静态标定的目的是确定传感器静态特性指标，如线性度、灵敏度、滞后和重复性等；动态标定的目的是确定传感器动态特性参数，如频率响应、时间常数、固有频率和阻尼比等。有时根据需要还要对横向灵敏度、温度响应、环境影响等进行标定。

11.2.2　传感器标定方法

利用标准仪器产生已知非电量（如标准力、压力、位移）作为输入量，输入到待标定的传感器中，然后将传感器的输出量与输入标准量作比较，获得一系列标准数据或曲线。有时输入的标准量是利用标准传感器检测得到，这时的标定实质上是待标定传感器与标准传感器之间的比较。

标定在传感器制造时已进行了，但使用中还要定期进行，传感器的标定是传感器制造与应用中必不可少的工作。

传感器标定系统一般由以下几部分组成。

① 被测量的标准发生器，如恒温源、测力机等；

② 被测量的标准测试系统，如标准压力传感器、标准力传感器、标准温度计等；

③ 待标定传感器所配接的信号调节器、显示器和记录器等，其精度是已知的。

为保证各种量值的准确一致，标定应按计量部门规定的检定规程和管理办法进行。

11.2.3　传感器的静态标定

传感器的静态特性要在静态标准条件下标定。

1.　静态标定的目的

静态标定的目的是确定传感器静态特性指标，如线性度、灵敏度、滞后和重复性等。标定的关键是由试验找到传感器输入-输出实际特性曲线。

2.　静态标准条件

静态标准条件是没有加速度、振动、冲击（除非这些参数本身就是被测量）及环境温度影响，一般为室温（20℃±5℃），相对湿度不大于85%，大气压力 101 308±7 998（Pa）。

标定传感器的静态特性，首先是创造一个静态标准条件，其次是选择与被标定传感器的精度要求相适应的一定等级的标定用的仪器设备，然后才能对传感器进行静态特性标定。

3.　标定步骤

① 将传感器全量程（测量范围）分成若干等间距点。

② 根据传感器量程分点情况，由小到大逐渐一点一点地输入标准量值，并记录各输入值相对应的输出值。

③ 将输入值由大到小逐步减少，同时记录与各输入值相对应的输出值。

④ 按步骤②、③所述过程，对传感器进行正、反行程往复多次测试，将得到的输出-输入测试数据用表格列出或画成曲线。

⑤ 对测试数据进行必要的处理，根据处理结果就可确定传感器的线性度、灵敏度、滞后和重复性等静态特性指标。

11.2.4 传感器的动态标定

1. 动态标定的目的

动态标定的目的是确定传感器的动态性能指标，即通过线性工作范围（用同一频率不同幅值的正弦信号输入传感器，测量其输出）、频率响应函数、幅频特性和相频特性曲线、阶跃响应曲线来确定传感器的频率响应范围、幅值误差和相位误差、时间常数、固有频率等。

2. 动态标定的方法

传感器种类繁多，动态标定方法各异。下面介绍几种常用的动态标定方法。

（1）冲击响应法

这种方法具有所需设备少、操作简便、力值调整及波形控制方便的特点，因此被广泛采用。

例如对力传感器的动态标定，如图 11-1 所示。落锤式冲击台根据重物自由下落，冲击砧子所产生的冲击力为标准动态力而制成。提升机构将质量为 m 的重锤提升到一定高度后释放，重锤落下，撞击安装在砧子上的被校传感器，其冲击加速度由固定在重锤上的标准加速度计测出。因此，被标定传感器所受的冲击力为 ma。改变重锤下落高度，可得到不同冲击加速度，即不同冲击力。通过一个测试系统测量传感器的输出信号，与输入传感器的标准信号进行比较，可得传感器的各项动态性能指标。图 11-1（b）中，$0 \sim t_1$ 为冲击力作用时间，虚线为冲击力波形，附在其上的高频分量和 $t_1 \sim t$ 的自由振荡信号即为测力仪（或传感器）的固有频率信号。

（a）冲击法测量原理图　　　　　　　（b）冲击波形图

图 11-1　力传感器的动态标定

为提高校准精度，一般采用测速精度很高的多普勒测速系统测定落锤的速度，并经微分电路变换成加速度信号输出，由此测定力传感器的输入信号。

（2）频率响应法

频率响应法较直观、精度较高，但需要性能优良的参考传感器，非电量正弦发生器的工作频率有限，实验时间长。例：测力仪的标定。

（3）激振法

通过激振器或振动台对测力仪的刀尖部位施加不同频率（不同幅值）的激振力，求得输出与输入对应关系。

例如动态切削测力仪，如图 11-2 所示。在测力刀杆（或工作合）下方紧压一压电传感器。力作用在刀尖上时，传感器也相应地感受到一定大小的力并将力信号转化成电荷信号输出，经电荷放大器将电荷信号转换成电压信号并放大，通过仪器显并记录。

图 11-2　动态切削测力仪

（4）阶跃响应法

当传感器受到阶跃压力信号作用，测得其响应，用基于机理分析的估计方法或实验建模方法求出传感器的频率特性、特征参数和性能指标。

本章小结

选择传感器所应考虑的项目各种各样，但要满足所有项目要求却未必。应根据传感器实际使用目的、指标、环境条件和成本，从不同的侧重点，优先考虑几个重要的条件即可。选择的标准主要考虑以下因素：传感器的性能、传感器的可用性、能量消耗、成本、环境条件以及与购置有关的项目等。除了以上选用传感器时应充分考虑的一些因素外，还应尽可能兼顾结构简单、体积小、质量轻、价格便宜、易于维修、易于更换等条件。

传感器的标定分为静态标定和动态标定两种。静态标定的目的是确定传感器静态特性指标，如线性度、灵敏度、滞后和重复性等；动态标定的目的是确定传感器动态特性参数，如频率响应、时间常数、固有频率和阻尼比等。有时根据需要还要对横向灵敏度、温度响应、环境影响等进行标定。

思考与练习

11.1 在机械系统中，对运动部件的被测参数往往采用什么测量方式？为什么？

11.2 对于不同传感器选择的标准主要考虑哪些因素？

11.3 在选择传感器时，应考虑的具体性能指标有哪些？

11.4 传感器的标定分为哪两种？标定的目的是什么？

11.5 在确定传感器灵敏度时，是不是传感器灵敏度越高越好？为什么？

第12章

抗干扰技术及微机接口技术应用

在实际检测系统中，传感器的工作环境是比较复杂和恶劣的，它所输出的电信号幅值很小，并且与电路之间的连接具有一定的距离，这时需要传送信号的电缆电阻、传感器的内阻以及放大电路等产生的噪声，再加上环境噪声都会对放大电路造成干扰。"干扰"在检测系统中是一种无用信号，它会在测量结果中产生误差。因此要获得良好的测量结果，就必须研究干扰来源及抑制措施。通常把消除或削弱各种干扰影响的全部技术措施，总称为抗干扰技术或称为防护。

许多检测系统中传感器采集到的信号要通过接口电路送给微机，由微机对信号进行处理。传感器与微机的接口电路主要由信号预处理电路、数据采集系统和计算机接口电路组成。其中，预处理电路把传感器输出的非电压量转换成具有一定幅值的电压量；数据采集系统把模拟电压量转换成数字量；计算机接口电路把 A/D 转换后的数字信号送入计算机，并把计算机发出的控制信号送至输入接口的各功能部件；计算机还可通过其他接口把信息数据送往显示器、控制器、打印机等。

12.1

传感器抗干扰技术

干扰（也叫噪声）是指测量中来自测量系统内部或外部，影响测量装置或传输环节正常工作和测试结果的各种因素的总和。

12.1.1　干扰的来源及形式

1. 外部干扰

从外部侵入检测装置的干扰称为外部干扰。

（1）自然干扰

来源于自然界的干扰称为自然干扰。自然干扰主要来自天空，如雷电、宇宙辐射、太阳黑子活动等，对广播、通信、导航等电子设备影响较大，而对一般工业用电子设备（检测仪表）

影响不大。

（2）人为干扰

来源于其他电气设备或各种电操作的干扰，称为人为干扰（或工业干扰）。人为干扰来源于各类电气、电子设备所产生的电磁场和电火花，及其他机械干扰、热干扰、化学干扰等。其中电气设备的干扰主要包括以下几种。

① 工频干扰：大功率输电线，甚至一般室内交流电源线对于输入阻抗高和灵敏度甚高的测量装置来说都是威胁很大的干扰源。在电子设备内部，由于工频感应而产生干扰，如果波形失真，则干扰更大。

② 射频干扰：指高频感应加热、高频介质加热、高频焊接等工业电子设备通过辐射或通过电源线给附近测量装置带来的干扰。

③ 电子开关通断干扰：电子开关、电子管、晶闸管等大功率电子开关虽然不产生火花，但因通断速度极快，使电路电流和电压发生急剧的变化，形成冲击脉冲而成为干扰源。在一定的电路参数下还会产生阻尼振荡，构成高频干扰。

2. 内部干扰

（1）固有噪声源

① 热噪声：又称为电阻噪声。由电阻内部载流子的随机热运动产生几乎覆盖整个频谱的噪声电压。

② 散粒噪声：它由电子器件内部载流子的随机热运动产生。

③ 低频噪声：又称为 $1/f$ 噪声。它取决于元器件材料表面的特性。

④ 接触噪声：它也是一种低频噪声。

（2）信噪比（S/N）

在测量过程中，人们不希望有噪声，但是噪声不可能完全排除，也不能用一个确定的时间函数来描述。实践中只要噪声小到不影响检测结果，是允许存在的，通常用信噪比来表示其对有用信号的影响，而用噪声系数 N_f 表征器件或电路对噪声的品质因数。

信噪比 S/N 是用有用信号功率 P_S 和噪声功率 P_N 或信号电压有效值 U_S 与噪声电压有效值 U_N 的比值的对数单位来表示，即

$$S/N = 10\lg\frac{P_S}{P_N} = 20\lg\frac{U_S}{U_N} \tag{12-1}$$

噪声系数 N_F 等于输入信噪比与输出信噪比的比值，即

$$N_F = \frac{P_{Si}/P_{Ni}}{P_{So}/P_{No}} \tag{12-2}$$

信噪比小，信号与噪声就难以分清，若 $S/N=1$，就完全分辨不出信号与噪声。信噪比越大，表示噪声对测量结果的影响越小，在测量过程中应尽量提高信噪比。

3. 干扰的传输途径

（1）通过"路"的干扰

① 泄漏电阻：元件支架、探头、接线柱、印制电路以及电容器内部介质或外壳等绝缘不良都可产生漏电流，引起干扰。

② 共阻抗耦合干扰：两个以上电路共有一部分阻抗，一个电路的电流流经共阻抗所产生的电压降就成为其他电路的干扰源。在电路中的共阻抗主要有电源内阻（包括引线寄生电感和电阻）和接地线阻抗。

③ 经电源线引入干扰：交流供电线路在现场的分布很自然地构成了吸收各种干扰的网络，而且十分方便地以电路传导的形式传遍各处，通过电源线进入各种电子设备造成干扰。

（2）通过"场"的干扰

① 通过电场耦合的干扰：电场耦合是由于两支路（或元件）之间存在着寄生电容，使一条支路上的电荷通过寄生电容传送到另一条支路上去，因此又称电容性耦合。

② 通过磁场耦合的干扰：当两个电路之间有互感存在时，一个电路中的电流变化，就会通过磁场耦合到另一个电路中。例如变压器及线圈的漏磁，两根平行导线间的互感就会产生这样的干扰。因此这种干扰又称互感性干扰。

③ 通过辐射电磁场耦合的干扰：辐射电磁场通常来自大功率高频用电设备、广播发射台、电视发射台等。例如当中波广播发射的垂直极化强度为 100 mV/m 时，长度为 10 cm 的垂直导体可以产生 5 mV 的感应电势。

4. 干扰的作用方式

（1）串模干扰

凡干扰信号和有用信号按电压源的形式串联（或按电流源的形式并联）起来作用在输入端的称为串模干扰，串模干扰又常称为差模干扰，它使测量装置的两个输入端电压发生变化，所以影响很大。其等效电路如图 12-1 所示。

（a）电压源串联形式　　　　（b）电流源并联形式

图 12-1　串模干扰等效电路

（2）共模干扰

干扰信号使两个输入端的电位相对于某一公共端一起变化（涨落）的属共模干扰，其等效电路如图 12-2 所示。共模干扰本身不会使两输入端电压变化，但在输入回路两端不对称的条件下，便会转化为串模干扰。因共模电压一般都比较大，所以对测量的影响更为严重。

（3）共模抑制比（CMRR）

共模噪声只有转换成差模噪声才能形成干扰，这种转换是由测量装置的特性决定的。因此，常用共模抑制比衡量测量装置抑制共模干扰的能力，定义为

图 12-2　共模干扰等效电路

$$CMRR = 20\lg\left(\frac{U_{cm}}{U_{dm}}\right) \quad 或 \quad CMRR = 20\lg\left(\frac{A_{cm}}{A_{dm}}\right) \tag{12-3}$$

12.1.2　抑制干扰的途径

1.　消除或抑制干扰源

如使产生干扰的电气设备远离检测装置；对继电器、接触器、断路器等采取触点灭弧措施或改用无触点开关；消除电路中的虚焊、假接等。

2.　破坏干扰途径

提高绝缘性能，采用变压器、光电耦合器隔离以切断"路"径；利用退耦、滤波、选频等电路手段引导干扰信号转移；改变接地形式消除共阻抗耦合干扰途径；对数字信号可采用甄别、限幅、整形等信号处理方法或选通控制方法切断干扰途径。

3.　削弱接收电路对干扰的敏感性

例如电路中的选频措施可以削弱对全频带噪声的敏感性，负反馈可以有效削弱内部噪声源，其他措施如对信号采用绞线传输或差动输入电路等。

常用的抗干扰技术有屏蔽、接地、浮置、滤波、隔离技术等。

12.1.3　屏蔽技术

1.　静电屏蔽

在静电场作用下，导体内部各点等电位，即导体内部无电力线。因此，若将金属屏蔽盒接地，则屏蔽盒内的电力线不会传到外部，外部的电力线也不会穿透屏蔽盒进入内部。前者可抑制干扰源，后者可阻截干扰的传输途径。所以静电屏蔽也叫电场屏蔽，可以抑制电场耦合的干扰。

为了达到较好的静电屏蔽效果，应注意以下几个问题。

① 选用铜、铝等低电阻金属材料制作屏蔽盒。

② 屏蔽盒要良好地接地。

③ 尽量缩短被屏蔽电路伸出屏蔽盒之外的导线长度。

2.　电磁屏蔽

电磁屏蔽主要是抑制高频电磁场的干扰，屏蔽体采用良导体材料（铜、 铝或镀银铜板），利用高频电磁场在屏蔽导体内产生涡流的效应，一方面消耗电磁场能量，另一方面涡电流产生反磁场抵消高频干扰磁场，从而达到磁屏蔽的效果。当屏蔽体上必须开孔或开槽时，应注意避免切断涡电流的流通途径。若把屏蔽体接地，则可兼顾静电屏蔽。若要对电磁线圈进行屏蔽，屏蔽罩直径必须大于线圈直径一倍以上，否则将使线圈电感量减小，Q 值降低。

3.　磁屏蔽

如图 12-3 所示，对低频磁场的屏蔽，要用高导磁材料，使干扰磁感线在屏蔽体内构成回路，屏蔽体以外的漏磁通很少，从而抑制了低频磁场的干扰作用。为保证屏蔽效果，屏蔽板 B 应有一定的厚度，以免磁饱和或部分磁通穿过屏蔽层而形成漏磁干扰。

图 12-3　磁屏蔽的原理图

4. 驱动屏蔽

驱动屏蔽是基于驱动电缆原理，以提高静电屏蔽效果的技术，如图 12-4 所示。图中将被屏蔽导体 B（如电缆芯线）的电位经严格地 1∶1 电压跟随器去驱动屏蔽层导体 C（如电缆屏蔽层）的电位，由运算放大器的理想特性，使导体 B、运算放大器输出端和导体 C 的电位相等，B 和 C 间分布电容 C_{2S} 两端等电位，干扰源 u_N 不再影响导体 B。驱动屏蔽常用于减小传输电缆分布电容的影响及改善电路共模抑制比。

图 12-4　驱动屏蔽原理图

12.1.4　接地技术

1. 电气、电子设备中的地线

接地起源于强电技术。为保障安全，将电网零线和设备外壳接大地，称为保安地线。对于以电能作为信号的通信、测量、计算控制等电子技术来说，把电信号的基准电位点称为"地"，它可能与大地是隔绝的，称为信号地线。信号地线分为模拟信号地线和数字信号地线两种。另外从信号特点来看，还有信号源地线和负载地线。

2. 一点接地原则

（1）机内一点接地

如图 12-5 所示为机内一点接地的示意图。

（a）单级电路的一点接地　　　　　（b）多级电路的一点接地　　　　　（c）整机的一点接地

图 12-5　机内一点接地示意图

单级电路中输入与输出及电阻、电容、电感等不同电平和性质的信号地线；多级电路中前级和后级的信号地线；在 A/D、D/A 转换的数模混合电路中的模拟信号地线和数字信号地线；整机中产生噪声的继电器、电动机等高功率电路，引导或隔离干扰源的屏蔽机构，机壳、机箱、机架等金属件的地线；这些地线均应分别一点接地，然后再总的一点接地。

（2）系统一点接地

对于一个包括传感器（信号源）和测量装置的检测系统，也应考虑一点接地。如图 12-6（a）中采用两点接地，因地电位差产生的共模电压的电流要流经信号零线，转换为差模干扰，会造成严重的影响。图 12-6（b）中改为在信号源处一点接地，干扰信号流经屏蔽层而且主要是容性漏电流，影响很小。

（a）系统两点接地的干扰　　　　　　（b）采用一点接地减小干扰

图 12-6　检测系统的一点接地

3. 电缆屏蔽层的一点接地

电缆屏蔽层的一点接地方法如图 12-7 所示。如果测量电路是一点接地，电缆屏蔽层也应一点接地。

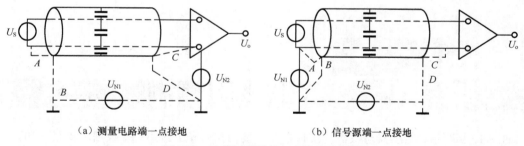

（a）测量电路端一点接地　　　　　　（b）信号源端一点接地

图 12-7　电缆屏蔽层的一点接地示意图

① 信号源不接地，测量电路接地，电缆屏蔽层应接到测量电路的地端，如图 12-7（a）中的 C，其余 A、B、D 接法均不正确。

② 信号源接地，测量电路不接地，电缆屏蔽层应接到信号源的地端，如图 12-7（b）中的 A，其余 B、C、D 接法均不正确。

12.1.5　浮置技术

如果测量装置电路的公共线不接机壳也不接大地，即与大地之间没有任何导电性的直接联系（仅有寄生电容存在），就称为浮置。

图 12-8 为被屏蔽浮置的前置放大器。它有两层屏蔽，内层屏蔽（保护屏蔽）与外层屏蔽（机

壳）绝缘，通过变压器与外界联系。电源变压器屏蔽的好坏对检测系统的抗干扰能力影响很大。在检测装置中，往往采用带有三层静电屏蔽的电源变压器，各层接法如下。

图 12-8　屏蔽浮置的前置放大器

① 一次侧屏蔽层及电源变压器外壳与测量装置的外壳连接并接大地。

② 中间屏蔽层与"保护屏蔽"层连接。

③ 二次侧屏蔽层与测量装置的零电位连接。

在仪表中还经常采用调制、解调技术，滤波和隔离（一般用变压器作前隔离，光电耦合器作后隔离）技术。通过调制、选频放大、解调、滤波，只放大输出有用信号，抑制无用的干扰信号。滤波的类型有低通滤波、高通滤波、带通滤波、带阻滤波等，起选频作用。隔离主要防止后级对前级的干扰。

12.2

传感器与微机接口技术

如图 12-9 所示，传感器与微机的接口电路主要由信号预处理电路、数据采集系统和计算机接口电路组成。其中，信号预处理电路把传感器输出的非电压量转换成具有一定幅值的电压量；数据采集系统把模拟电压量转换成数字量；计算机接口电路把 A/D 转换后的数字信号送入计算机，并把计算机发出的控制信号送至输入接口的各功能部件；计算机还可通过其他接口把信息数据送往显示器、控制器、打印机等。由于信号预处理电路随被测量和传感器而不同，因此传感器的信号处理技术则是构成不同系统的关键。

图 12-9　传感器与微机的接口框图

12.2.1 信号预处理

1．开关式输出信号的预处理

如图 12-10（a）所示，在输入传感器的物理量小于某阈值的范围内，传感器处于"关"的状态，而当输入量大于该阈值时，传感器处于"开"的状态，这类传感器称为开/关式传感器。实际上，由于输入信号总存在噪声叠加成分，使传感器不能在阈值点准确地发生跃变，如图 12-10（b）所示。另外，无接触式传感器的输出也不是理想的开关特性，而是具有一定的线性过渡。因此，为了消除噪声及改善特性，常接入具有迟滞特性的电路，称为鉴别器或称脉冲整形电路，多使用施密特触发器，如图 12-10（c）所示。经处理后的特性如图 12-10（d）所示。

图 12-10 开关量传感器特性示意图

2．模拟连续式输出信号的预处理

模拟连续式传感器的输出参量可以归纳为五种形式：电压、电流、电阻、电容和电感。这些参量必须先转换成电压量信号，然后进行放大及带宽处理才能进行 A/D 转换。

（1）电流/电压变换电路（I/V 变换）

I/V 变换器的作用是将电流信号变换为标准的电压信号，它不仅要求具有恒压性能，而且要求输出电压随负载电阻变化所引起的变化量不能超过允许值。

I/V 转换电路可由运算放大器组成，如图 12-11 所示。电路的输出电压 $U_o = -I_s R_f$。一般 R_f 比较大，若传感器内部电容量较大时容易振荡，需要增加消振电容 C_f。C_f 的大小随 R_f 用实验方法确定。因此该电路不适用于高频。当运算放大器直接接到高阻抗的传感器时，需要加保护电路。当信号较大时，可在运算放大器输入端用正、反向并联的二极管保护；当信号较小时，可在运算放大器输入端串联 100 kΩ 的电阻保护。

（2）电压/电流变换（V/I 变换）

V/I 变换器的作用是将电压信号变换为标准电流信号，它不仅要求具有恒流性能，而且要求输出电流随负载电阻变化所引起的变化量不能超过允许值。

传感器与微型机之间要进行远距离信号传输，更可靠的方法是使用具有恒流输出的 V/I 变换器，产生 4～20mA 的统一标准信号，即规定传感器从零到满量程的统一输出信号为 4～20mA 的恒定直流电流，如图 12-12 所示。

图 12-11　采用运算放大器的 I/V 转换电路　　　图 12-12　4～20mA 的 V/I 变换电路

（3）模拟频率式输出信号的预处理

模拟频率式输出信号的预处理，一种方法是直接通过数字式频率计变为数字信号；另一种方法是用频率/电压变换器变为模拟电压信号，再进行 A/D 转换。频率/电压变换器的原理如图 12-13 所示。通常可直接选用 LM2907/LM2917 等单片集成频率/电压变换器。

图 12-13　频率/电压变换器原理框图

（4）数字式输出信号的预处理

数字式输出信号分为数字脉冲式信号和数字编码式信号。数字脉冲式输出信号可直接将输出脉冲经整形电路后接至数字计数器，得到数字信号。数字编码式输出信号通常采用格雷码而不用 8421 二进制码，以避免在两种码数交界处产生计数错误。因此，需要将格雷码转换成二进制或二—十进制码。

传感器信号的预处理应根据传感器输出信号的特点及后续检测电路对信号的要求选择不同的电路。

12.2.2　数据采集

传感器输出的信号经预处理变为模拟电压信号后，需转换成数字量方能进行数字显示或送入计算机。这种把模拟信号数字化的过程称为数据采集。

1. 数据采集系统

典型的数据采集系统由传感器（T）、放大器（IA）、模拟多路开关（MUX）、采样保持器（SHA）、A/D 转换器、计算机（MPS）或数字逻辑电路组成。根据它们在电路中的位置可分为同时采集、高速采集、分时采集和差动结构四种配置，如图 12-14 所示。

（1）同时采集系统

图 12-14（a）为同时采集系统配置方案，可对各通道传感器输出量进行同时采集和保持，然后分时转换和存储，可保证获得各采样点同一时刻的模拟量。

图 12-14　数据采集系统的配置

（2）高速采集系统

图 12-14（b）为高速采集系统配置方案，在实时控制中对多个模拟信号同时进行测量是很有必要的。

（3）分时采集系统

图 12-14（c）为分时采集方案，这种系统价格便宜，具有通用性，传感器与仪表放大器匹配灵活，有的已实现集成化，在高精度、高分辨率的系统中，可降低 IA 和 ADC 的成本，但对 MUX 的精度要求很高，因为输入的模拟量往往是微伏级的。这种系统每采样一次便进行一次 A/D 转换并送入内存后方才对下一采样点采样。这样，每个采样点值间存在一个时差（几十到几百微秒），使各通道采样值在时轴上产生扭斜现象。输入通道数越多，扭斜现象越严重，不适合采集高速变化的模拟量。

（4）差动结构分时采集系统

在各输入信号以一个公共点为参考点时，公共点可能与 IA 和 ADC 的参考点处于不同电位而引入干扰电压 U_N，从而造成测量误差。采用如图 12-14（d）所示的差动配置方式可抑制共模干扰，其中 MUX 可采用双输出器件，也可用两个 MUX 并联。显然，图 12-14 中（a）、（b）两种方案的成本较高，但在 8～10 位以下的较低精度系统中，经济上也十分实惠。

2. 采样周期的选择

采样就是以相等的时间间隔对某个连续时间信号 $a(t)$ 取样，得到对应的离散时间信号的过程，如图 12-15 所示。其中，t_1，t_2，…为各采样时刻，d_1，d_2，…为各时刻的采样值，两次采样之间的时间间隔称为采样周期 T_S。图中虚线表示再现原来的连续时间信号。可以看出，采样周期越短，误差越小；采样周期越长，失真越大。为了尽可能保持被采样信号的真实性，采样周期不宜过长。根据香农采样定理：对一个具有有限频谱（$\omega_{min} < \omega < \omega_{max}$）的连续信号进行采样，当采样频率$\omega_S = 2\pi/T_S \geq 2\omega_{max}$时，采样结果可不失真。实用中一般取$\omega_S > （2.5 \sim 3）\omega_{max}$，也可取（$5 \sim 10$）$\omega_{max}$。但由于受机器速度和容量的限制，采样周期不可能太短，一般选T_S为采样对象纯滞后时间τ_0的1/10左右；当采样对象的纯滞后起主导作用时，应选$T_S = \tau_0$；若采样对象具有纯滞后和容量滞后时，应选择T_S接近对象的时间常数τ。通常对模拟量的采样可参照表10-1的经验数据来选择。

图 12-15　连续时间信号的取样

表 12-1　　　　　　　　　模拟量的采样周期

输入物理量	采样周期 T_S/s	说　　明
流量	1～5	一般选用 1～2s
压力	3～10	一般选用 6～8s
液位	6～8	
温度	15～20	串级系统 $T_s = \tau_o$，副环 $T_s = （1/4 \sim 1/5）\times$ 主环 T_s
成分	15～20	

3. 量化噪声（量化误差）

模拟信号是连续的，而数字信号是离散的，每个数又是用有限个数码来表示，二者之间不可避免地存在误差，称为量化噪声。一般 A/D 转换的量化噪声有 1 LSB 和 LSB/2 两种。

12.2.3　ADC 接口技术

1. A/D 转换器（ADC）的主要技术指标

（1）分辨力

分辨力表示 ADC 对输入量微小变化的敏感度，它等于输出数字量最低位一个字（1 LSB）所代表的输入模拟电压值。如输入满量程模拟电压为 U_m 的 N 位 ADC，其分辨力为

$$1 \text{ LSB} = \frac{U_m}{2^N - 1} \approx \frac{U_m}{2^N} \tag{12-4}$$

ADC 的位数越多，分辨力越高。因此，分辨力也可以用 A/D 转换的位数表示。

（2）精度

精度分为绝对精度和相对精度。

① 绝对精度：它是指输入模拟信号的实际电压值与被转换成数字信号的理论电压值之间的差值。它包括量化误差、线性误差和零位误差。绝对精度常用 LSB 的倍数来表示，常见的有 ±1/2LSB 和±1LSB。

② 相对精度：它是指绝对误差与满刻度值的百分比。由于输入满刻度值可根据需要设定，因此相对误差也常用 LSB 为单位来表示。

可见，精度与分辨力相关，但却是两个不同的概念。相同位数的 ADC，其精度可能不同。

（3）量程（满刻度范围）

量程是指输入模拟电压的变化范围。例如，某转换器具有 10V 的单极性范围，或-5～5 V

的双极性范围，则它们的量程都为 10 V。

应当指出，满刻度只是个名义值，实际的 A/D、D/A 转换器的最大输出值总是比满刻度值小 $1/2^N$。例如满刻度值为 10 V 的 10 位 A/D 转换器，其实际最大输出值为 10（$1-1/2^{10}$）V。

（4）线性度误差

理想转换器特性应该是线性的，即模拟量输入与数字量输出成线性关系。线性度误差是转换器实际的模拟数字转换关系与理想直线不同而出现的误差，通常也用 LSB 的倍数来表示。

（5）转换时间

转换时间指从发出启动转换脉冲开始到输出稳定的二进制代码，即完成一次转换所需要的最长时间。转换时间与转换器工作原理及其位数有关。同种工作原理的转换器，通常位数越多，其转换时间则越长。对大多数 ADC 来说，转换时间就是转换频率（转换的时钟频率）的倒数。

2. ADC 的选择与使用

按 A/D 转换的原理，ADC 主要分为比较型和积分型两大类。其中，常用的是逐次逼近型、双积分型和 V/F 变换型（电荷平衡式）。逐次逼近 ADC 的特点是转换速度较高（1μs～1 ms），8～14 位中等精度，输出为瞬时值，抗干扰能力差；双积分 ADC 测量的是信号平均值，对常态噪声有很强的抑制能力，精度很高，分辨率达 10～20 位，价格便宜，但转换速度较慢（4 ms～1 s）；V/F 转换器是由积分器、比较器和整形电路构成的 VFC 电路，把模拟电压变换成相应频率的脉冲信号，其频率正比于输入电压值，然后用频率计测量。VFC 能快速响应，抗干扰性能好，能连续转换，适用于输入信号动态范围宽和需要远距离传送的场合，但转换速度慢。

在实际使用中，应根据具体情况选用合适的 ADC 芯片。例如某测温系统的输入范围为 0～500℃，要求测温的分辨率为 2.5℃，转换时间在 1 ms 之内，可选用分辨率为 8 位的逐次比较式 ADC0809 芯片，如果要求测温的分辨率为 0.5℃（即满量程的 1/1 000），转换时间为 0.5 s，则可选用双积分型 ADC 芯片 14433。

ADC 转换完成后，将发出结束信号，以示主机可以从转换器读取数据。结束信号可以用来向 CPU 发出中断申请，CPU 响应中断后，在中断服务子程序中读取数据；也可用延时等待和查询的方法来确定转换是否结束，以读取数据。

3. 单片机的采集接口电路及 A/D 转换器

传感器采集接口电路的系统框图如图 12-16 所示。

图 12-16 传感器采集接口框图

单片机常用的 A/D 转换器及接口电路有 ADC0808 和 ADC0809。ADC 0809/0808 芯片的引脚如图 12-17 所示。它是 8 路输入通道、8 位逐次逼近式 A/D 转换器，可分时转换 8 路模拟信号。IN_0～IN_7 为 8 路模拟量输入信号端，D_0～D_7 为 8 位数字量输出信号端，A、B、C 为通道选择地址信号输入端。

4. ADC0809/0808 与单片机的连接

ADC0809/0808 与单片机的硬件连接如图 12-18 所示。

图 12-17 ADC0809 引脚图

图 12-18 ADC0808/0809 与 8031 的接口

8031 的 8 路连续采样程序如下（略去伪指令 ORG 等）：

```
        MOV   DPTR，#7FF8H        ; 设置外设（A/D）口地址和通道号
        MOV   R0，#40H            ; 设置数据指针
        MOV   IE，#84H            ; 允许外部中断 1 中断
        SETB  IT1                 ; 置边沿触发方式
        MOVX  @DPTR，A            ; 启动转换
LOOP：  CJNE  R0，#48，LOOP       ; 判 8 个通道是否完毕
        RET                       ; 返回主程序
AINT：  MOVX  A，@DPTR            ; 输入数据
        MOV   @R0，A              ;
        INC   DPTR                ; 修改指针
        INC   R0                  ;
        MOVX  @DPTR，A            ; 启动转换
        RETI                      ; 中断返回
```

12.3

自动检测技术综合应用实例——基于 AT89C2051 和 DS18B20 的温度测量系统

典型的温度测控系统是由模拟温度传感器、A/D 转换电路和单片机组成。但是由于模拟温

度传感器输出为模拟信号，必须经过 A/D 转换环节获得数字信号后才能与单片机等微处理器接口，使得硬件电路结构复杂，成本较高。近年来，以 DS18B20 为代表的新型单总线数字式温度传感器以其突出优点而得到充分利用。DS18B20 集温度测量和 A/D 转换于一体，直接输出数字量，接口几乎不需要外围元件，硬件电路结构简单，传输距离远，可以很方便地实现多点测量，广泛应用于距离远、节点分布多的场合。

12.3.1 数字式温度传感器 DS18B20

DS18B20 是美国 DALLAS 公司推出的一种可组网的数字式温度传感器，能够直接读取被测物体的温度值。具有 TO-92、TSOC、SOIC 多种封装形式，可以适应不同的环境需求。

1. DS18B20 主要特性

① 单总线接口方式：与微处理器连接时仅需要一条信号线即可实现双向通信。

② 使用中无须外部器件，可以利用数据线或外部电源提供电能，供电电压范围为 3.3～5.5V。

③ 直接读出数字量，工作可靠，精度高，且通过编程可实现 9～12 位分辨率读出温度数据，转换温度数据最长时间仅需要 750ms。

④ 温度测量范围−55～+125℃，−10～+85℃之间测量精度可达 ± 0.5℃。

⑤ 可设定非易失的报警上下限值，一旦测量温度超过此设定值，即可给出报警标志。

⑥ 每片 DS18B20 上有唯一的 64bit 识别码，可轻松组建分布式温度测量网络。

2. DS18B20 的内部结构

DS18B20 采用 3 脚 TO-92 封装，形如三极管，如图 12-19（a）所示，同时也有 8 脚 SOIC 封装，如图 12-19（b）所示，还有 6 脚的 TSOC 封装。

（a）TO-92 封装   （b）SOIC 封装

图 12-19 数字式温度传感器 DS18B20

DS18B20 内部结构框图如图 12-20 所示。内部结构主要由四部分组成：64 位光刻 ROM、温度传感器、非挥发的温度报警触发器 TH 和 TL、配置寄存器。

（1）64 位光刻 ROM

ROM 中的 64 位序列号是出厂前被光刻好的，它可以看作是该 DS18B20 的地址序列码。64 位光刻 ROM 的排列是：开始 8 位（28H）是产品类型标号，接着的 48 位是该 DS18B20 自身的序列号，最后 8 位是前面 56 位的循环冗余校验码（CRC=X8+X5+X4+1）。光刻 ROM 的作用是使每一个 DS18B20 都各不相同，这样就可以实现一根总线上挂接多个 DS18B20 的目的。

图 12-20　DS18B20 内部结构框图

（2）温度传感器

DS18B20 的温度数据用高低两个字节的补码来表示，如图 12-21 所示，S=1 时表示温度为负，S=0 时表示温度为正。

（3）高温触发器和低温触发器

DS18B20 温度传感器的内部存储器包括一个高速暂存 RAM 和一个非易失性的可电擦除的 EEPROM，后者存放高温

2^3	2^2	2^1	2^0	2^{-1}	2^{-2}	2^{-3}	2^{-4}	LSB

Msb　　　　　　单位 ℃　　　　Lsb

S	S	S	S	S	2^6	2^5	2^4	MSB

图 12-21　温度数据字节表示

度和低温度触发器 TH、TL 和结构寄存器。DS18B20 检测到温度值经转换为数字量后，自动存入存储器中，并与设定值 T_H 或 T_L 进行比较，当测量温度超出给定范围时就输出报警信号，并自动识别是高温超限还是低温超限。高速暂存器内有 8 个字节，从低到高分别是温度低字节、温度高字节、上限报警温度 T_H、下限报警温度 T_L、结构寄存器、3 个保留字节。

（4）配置寄存器

主要用于确定温度转换的分辨率。

3. DS18B20 的硬件连接方式

DS18B20 与主机的连接非常简单，主要是数据线和电源的连接，将 DS18B20 的数据信号线（DQ）与主机的一位具有三态功能的双向口相连接，就可实现数据的传输。DS18B20 采用两种供电方式：外部电源供电（V_{DD} 接电源）和数据线供电（V_{DD} 和 GND 接地）方式。为保证在有效的 DS18B20 时钟周期内提供足够的电流，采用外部电源单独供电时，要在数据线上加 1 个 4.7kΩ 上拉电阻；若采用数据线供电，除了加一个 4.7kΩ 上拉电阻外，还要加一个 MOSFET 管来完成对总线的上拉，这种方式主要用于外部电源供电不方便的场合，而且测温网络中传感器的数量有限制。

4. DS18B20 的工作过程

由于 DS18B20 单总线通信功能是分时完成的，它有严格的时隙概念，因此读写时序很重要。

主机对 DS18B20 的各种操作必须按协议进行。其命令序列如下。

第一步：初始化；

第二步：ROM 命令（跟随需要交换的数据）；

第三步：功能命令（跟随需要交换的数据）。

初始化时控制器发出一个复位脉冲,使 DS18B20 复位:先将数据线拉低并保持 480～960μs,再释放数据线，由上拉电阻拉高 15～60μs 后，由 DS18B20 发出 60～240μs 的低电平作为应答信号。

在主机检测到应答脉冲后，就可以发出 ROM 命令。当主机在单总线上连接多个从机设备时，可指定操作某个从机设备。这些命令还允许主机能够检测到总线上有多少个从机设备，以及其设备类型或者有没有设备处于报警状态。主机在发出功能命令之前，必须发送适当的 ROM 命令。

主机发出 ROM 命令以访问某个指定的 DS18B20，接着就可以发出某个功能命令。这些命令允许主机写入或读出 DS18B20 暂存器，启动温度转换以及判断其供电方式等。

对 DS18B20 访问是由主机发出特定的读写时间片来完成。写时间片时主机将数据线从高电平拉低 1μs 以上，紧接着送出写数据（"0" 或 "1"）保持 60μs，DS18B20 在数据线拉低 15μs 后对数据线采样。在两次写时间片中必须有一个最小 1μs 的恢复时间（高电平），并且一个写时间片的周期不能小于 60μs。读时间片时主机将数据线从高电平拉低 1μs 以上，DS18B20 在拉低信号线 15μs 后送出有效数据，为了读取正确数据，主机必须停止将数据线拉低，然后在 15μs 的时刻内将数据读走。两次读时间片的恢复时间和写时间片要求一致。

12.3.2　AT89C2051 单片机

AT89C2051 是美国 ATMEL 公司生产的低电压、高性能 CMOS 8 位单片机，有 20 个引脚，如图 12-22 所示。片内含 2kB 的可反复擦写的只读程序存储器（PEROM）和 128B 的随机存取数据存储器（RAM）。该器件采用 ATMEL 公司的高密度、非易失性存储技术生产，兼容标准 MCS-51 指令系统，片内置通用 8 位中央处理器和 Flash 存储单元，功能强大的 AT89C2051 单片机可提供许多高性价比的应用场合。

AT89C2051 单片机主要功能特性如下。

① 兼容 MCS-51 指令系统。

② 15 个双向 I/O 口，两个 16 位可编程定时/计数器。

③ 1 个串行中断，两个外部中断源。

④ 可直接驱动 LED。

⑤ 低功耗空闲和掉电模式。

⑥ 2 kB 可反复擦写（>1 000 次）Flash ROM。

⑦ 全静态操作 0～24 MHz。

⑧ 128×8 位内部 RAM。

AT89C2051 提供以下标准功能：2kBFlash 闪速存储器，128B 内部 RAM ，15 个 I/O 口线，两个 16 位定时/计数器，一个 5 向量两级中断结构，一个全双工串行通信口，内置一个精密比较器、片内振荡器及时钟电路，同时，AT89C2051 可降至 0Hz 的静态逻辑操作，并支持两种软件可选的节电工作模式。空闲方式停止 CPU 的工作，但允许 RAM、定时/计数器、串行通信口及中断系统继续工作。掉电方式保存 RAM 中的内容，但振荡器停止工作并禁止其他所有部件工作，直到下一个硬件复位。

该款芯片的超低功耗和良好的性能价格比使其非常适合嵌入式产品应用，所以 AT89C2051 的推出为许多嵌入式测控系统设计提供了灵活方便、低成本的解决方案。

图 12-22   AT89C2051

12.3.3   AT89C2051 与 DS18B20 组成的测温系统

由于 DS18B20 工作时将温度信号直接转换成串行数字信号供微机处理，因此，它与微机的接口电路相当简单，系统硬件原理图如图 12-23 所示。对于单总线传感器而言，数据总线只有 I/O 一根线，加上电源及地线，测量部分敷设的电缆最多也就 3 根线。在多点温度检测时，可以将多个 DS18B20 并联到这 3 根（或 2 根）线上，微机的 CPU 只需一根端口线就能与多个 DS18B20 通信。采用 DS18B20 作为温度传感器，占用微处理器端口资源很少，既方便了接口部分的电路设计，又节省了大量的信号线。上述这些优点，使它非常适合应用于远距离多点温度检测系统。

实时温度检测系统硬件由温度传感器 DS18B20、单片机 AT89C2051 和显示元件三部分组成，DS18B20 为单总线温度传感器，温度测量范围为 $-55 \sim +125℃$，分辨率为 $0.0625℃$；5 位 LED 数码管动态显示温度值，温度精确到小数点后两位。图 12-23 中，DS18B20 的工作电源采用外部电源供电方式，它的 I/O 数据总线直接与 AT89C2051 的 P3.7 脚相连，R_1 为上拉电阻。

系统硬件原理图中，核心部件是单片机 AT89C2051。它既作为单总线的总线控制器，又要完成实时数据处理以及温度显示输出。

在单片机应用系统中，LED 数码管的显示常用到两种方法：静态显示和动态显示。所谓静态显示，就是每一个显示器都要占用单独的具有锁存功能的 I/O 接口，用于笔画段字形代码。工作时，单片机只需将被显示的段码放入对应的 I/O 接口即可，当更新数据时，再发送新的段码。静态显示数据稳定，虽然占用 CPU 时间很少，但使用了较多的硬件。动态显示的主要目的是为了简化硬件电路。通常将所有显示位的段选线并联在一起，由一个单片机的 8 位 I/O 口控制，形成段选线的多路复用。而各位数码管的共阳极或共阴极分别由单片机独立的 I/O 口线控制，顺序循环地点亮每位数码管，这样的数码管驱动方式就称为"动态扫描"。在这种方式中，虽然每一时刻只选通一位数码管，但由于人眼具有一定的"视觉暂留"，只要延时时间设置恰当，便会感觉到多位数码管同时被点亮了，同样也可以得到稳定的数据显示。系统中采用了动态显示的方式。AT89C2051 的 P1 口是一个 8 位双向 I/O 端口，分别与 5 位共阴极数码管 SM4205 各段的引脚相连接。由于各位的段选线并联，段码的输出对各位来说都是相同的。排阻 PZ1 为每一段提供了 10mA 以上的显示工作电流。P3.1～P3.5 分别与各数码管的 GND 引脚相连接，用于控制切换显示位。

图 12-23　实时温度检测系统硬件原理图

12.3.4　软件设计

　　测温系统程序流程图如图 12-24 所示。AT89C2051 系统初始化后进入主程序。在本系统中，主程序每隔 1s 进行一次温度测量。由于单总线上只挂接了 1 个 DS18B20 温度传感器，复位后用 0CCH 命令跳过 ROM 序列号检测，然后直接用 44H 命令启动一次温度转换。温度转换结束后，用 0BEH 命令读出温度数据，再将各显示位的内容放入显示缓冲区。显示格式为-XX. XX～XXX. XX，温度为正时，整数部分的最高位用于显示百位数；温度为负时，整数部分的最高位用作符号位。在主程序中，多次调用了操作 DS18B20 的 3 个公共子程序，它们分别是复位子程序 DSREST、写入子程序 DS18WR 以及读出子程序 DS18RD。定时器 T0 设置方式 0，每隔 2ms 中断 1 次。

　　中断服务程序流程图如图 12-25 所示。AT89C2051 在中断处理时，先确定要显示的是第几位，然后从显示缓冲区中取出该位内容，再转换成段码送到 P1 端口。接下来，P3.1～P3.5 中对应该位的引脚送出低电平，点亮 LED 数码管。这样，用 5 个数码管依次接通的方法，实现了温度数据的动态显示。

图 12-24　实时温度检测系统程序流程图

图 12-25　中断服务程序流程图

本章小结

　　干扰（也叫噪声）是指测量中来自测量系统内部或外部，影响测量装置或传输环节正常工作和测试结果的各种因素的总和。"干扰"在检测系统中是一种无用信号，它会在测量结果中产生误差。抑制干扰的方法有：消除或抑制干扰源、破坏干扰途径和削弱接收电路对干扰的敏感性。

　　传感器与微机的接口电路主要由信号预处理电路、数据采集系统和计算机接口电路组成。其中，信号预处理电路把传感器输出的非电压量转换成具有一定幅值的电压量；数据采集系统把模拟电压量转换成数字量；计算机接口电路把 A/D 转换后的数字信号送入计算机，并把计算机发出的控制信号送至输入接口的各功能部件；计算机还可通过其他接口把信息数据送往显示器、控制器、打印机等。

　　由于 DS18B20 集温度测量和 A/D 转换于一体，直接输出数字量，接口几乎不需要外围元件，传输距离远，所以由它和单片机组成测温系统的硬件电路结构简单，可以很方便地实现多点测量。

思考与练习

12.1　信号预处理电路的作用是什么?试简述模拟量连续式传感器的预处理电路基本工作原理。

12.2　检测系统中常用的 A/D 转换器有哪几种？各有什么特点？分别适用于什么场合？

12.3　测量信号输入 A/D 转换器前是否一定要加采样保持电路?为什么？

12.4　A/D 转换器的主要性能指标有哪些？

12.5　外部干扰源有哪些？人为干扰的来源有哪些？内部干扰源有哪些？

12.6　屏蔽可分为哪几种？它们各对哪些干扰起抑制作用？

12.7　什么叫一点接地原则？

12.8　通过"路"和"场"的干扰各有哪些？它们是通过什么方式造成干扰的？

12.9　什么是串模干扰和共模干扰？试举例说明。

12.10　什么是浮置技术？试通过实例加以说明。

12.11　DS18B20 有哪些主要特性？

12.12　简述 AT89C2051 与 DS18B20 组成的测温系统工作原理。

第13章

Smart 传感器

Smart 传感器又称智能化传感器，是 20 世纪 80 年代末出现的一种涉及多种学科的新型传感器系统。此类传感器系统一经问世即受到普遍重视，尤其在探测器应用领域，如分布式实时探测、网络探测和多信号探测方面一直颇受欢迎，产生的影响较大。

13.1 Smart 传感器的概念和特点

进入 20 世纪 70 年代，微处理器举世瞩目的成就也对仪器仪表的发展起了巨大的推动作用。所有以微处理器为基础的测控系统都根据传感器所采集的数据作出实时决策。随着系统自动化程度和复杂性的增加，对传感器的精度、可靠性和响应要求越来越高。传统的传感器功能单一、体积大，它的性能和工作容量已不能适应以微处理器为基础构成的多种多样测控系统的要求。为了满足测量和控制系统日益自动化的需求，仪器仪表界提出了研制以微处理器控制的新型传感器系统，把传感器的发展推到一个更高的层次上。人们把这种与专用微处理器相结合组成的新概念传感器称为 Smart 传感器，也称为智能化传感器。

与传统的传感器相比，智能化传感器功能强大，而且其精度更高、价格更便宜、处理质量也更好。智能化传感器具有以下特点。

① 智能化传感器不但能够对信息进行处理、分析和调节，能够对所测的数值及其误差进行补偿，而且还能够进行逻辑思考和结论判断，能够借助于一览表对非线性信号进行线性化处理，借助于软件滤波器对数字信号滤波。此外，还能够利用软件实现非线性补偿或其他更复杂的环境补偿，以改进测量精度。

② 智能化传感器具有自诊断和自校准功能，可以用来检测工作环境。当工作环境临近其极限条件时，它将发出告警信号，并根据其分析器的输入信号给出相关的诊断信息。当智能化传感器由于某些内部故障而不能正常工作时，它能够借助其内部检测链路找出异常现象或出现故障的部件。

③ 智能化传感器能够完成多传感器多参数混合测量，从而进一步拓宽了其探测与应用领域，而微处理器的介入使得智能化传感器能够更加方便地对多种信号进行实时处理。此外，其

灵活的配置功能既能够使相同类型的传感器实现最佳的工作性能，也能够使它们适合于各不相同的工作环境。

④ 智能化传感器既能够很方便地实时处理所探测到的大量数据，也可以根据需要将它们存储起来。存储大量信息的目的主要是以备事后查询，这一类信息包括设备的历史信息以及有关探测分析结果的索引等。

⑤ 智能化传感器备有一个数字式通信接口，通过此接口可以直接与其所属计算机进行通信联络和交换信息。此外，智能化传感器的信息管理程序也非常简单方便，譬如，可以对探测系统进行远距离控制或者在锁定方式下工作，也可以将所测的数据发送给远程用户等。

13.2 Smart 传感器的基本结构

Smart 传感器依其功能可划分为两个部分，即基本传感器部分和它的信号处理单元，如图 13-1 所示。这两部分可以集成在一起设置，形成一个整体，封装在一个表壳内；也可以远离设置，特别在测量现场的环境比较差的情况下，分开并远离设置有利于电子元器件和微处理器的保护，也便于远程控制和操作。采用整体封装式还是远离分装式，应由使用场合和条件而定。

图 13-1　Smart 传感器的基本结构方案

基本传感器应执行下列三项基本任务。

① 用相应的传感器测量需要的被测参数。

② 将传感器的识别特征存入可编程的只读存储器中。

③ 将传感器计量的特性存入同一只读存储器中，以便校准计算。

信号处理单元应完成下列三项基本任务。

① 为所有部分提供相应的电源。

② 用微处理器计算上述对应的只读存储器中的被测量，并校正传感器敏感的非被测量。

③ 通信网络以数字形式传输数据（如读数、状态、内检等项）并接收指令和数据。

此外，Smart 传感器也可以作为分布式处理系统的组成单元，受中央计算机控制，如图 13-2 所示。其中每一个单元代表一个 Smart 传感器，含有基本传感器、信号调理电路和一个微处理器；各单元的接口电路直接挂在分时数字总线上，以便与中央计算机通信。

图 13-2　分布式系统中 Smart 传感器示意图

13.2.1　Smart 传感器基本传感器

基本传感器是构成 Smart 传感器的基础，它在很大程度上决定着 Smart 传感器的性能。因此，基本传感器的选用、设计至关重要。近十余年来，随着微机械加工工艺的逐步成熟，相继加工出许多实用的高性能微结构传感器，不仅有单参数测量的，还开发了多参数测量的。

硅材料的许多物理效应适于制作多种敏感机理的固态传感器，这不仅因为硅具有优良的物理性质，也因为它与硅集成电路工艺有很好的相容性。与其他敏感材料相比，硅材料更方便制作多种集成传感器。当然，石英、陶瓷等材料也是制作先进传感器的优良材料。这些先进传感器为设计 Smart 传感器提供了基础。

为了省去 A/D 和 D/A 变换，进一步提高 Smart 传感器的精度，发展直接数字或准数字式的传感器，并与微处理器控制系统配套，这是理想的选择。硅谐振式传感器为准数字输出，它不需 A/D 变换，可简便地与微处理器接口构成 Smart 传感器。当今，微型谐振传感器被认为是用于精密测量的一种有发展前景的新型传感器。

过去，在传感器设计和生产中，最希望传感器的输入-输出特性是线性的，而在 Smart 传感器的设计思想中，不需要基本传感器是线性传感器，只要求其特性有好的重复性。而非线性度可利用微处理器进行补偿，只要把表示传感器特性的数据及参数存入微处理器的存储器中，便可利用存储器中这些数据进行非线性的补偿。这样基本传感器的研究、设计和选用的自由度就增加了。像硅电容式传感器、谐振式传感器、声表面波式传感器，它们的输入-输出特性都是非线性的，但有很好的重复性和稳定性，为 Smart 传感器的优选者。

传感器的迟滞现象仍是一个困难的问题，主要因为引起迟滞的机理非常复杂，利用微处理器还不能彻底消除其影响，只能有所改善。因此，在传感器的设计和生产阶段，应从材料选用、工作应力、生产检验、热处理和稳定处理上采取措施，力求减小传感器的迟滞误差。传感器的长期稳定性表现为传感器输出信号的缓慢变化，称为漂移，这是另一个比较难以校正和补偿的问题，亦应在传感器生产阶段设法减小加工材料的物理缺陷和内在特性对传感器长期稳定性的影响。

总之，在 Smart 传感器的设计中，对基本传感器的某些固有缺陷，且不易在系统中进行补偿的，应在传感器生产阶段尽量对其补偿，然后，在系统中再对其进行改善。这是设计 Smart 传感器的主要思路。例如，在生产电阻型传感器中，加入正或负温度系数电阻，就可以对其进行温度补偿。

13.2.2　Smart 传感器中的软件

Smart 传感器一般具有实时性很强的功能，尤其动态测量时常要求在几个微秒内完成数据的采样、处理、计算和输出。Smart 传感器的一系列工作都是在软件（程序）支持下进行的，它能实现硬件难以实现的功能。如功能多少、使用方便与否、工作可靠与否、基本传感器的性能等，都在很大程度上依赖于软件设计的质量。软件设计主要包括下列一些内容。

1．标度变换

在被测信号变换成数字量后，往往还要变换成人们所熟悉的测量值，如压力、温度、流量等。这是因为被测对象，如数据的量纲和 A/D 变换的输入值不同；经 A/D 变换后得到一系列的数码，必须把它变换成带有量纲的数据后才能运算、显示、打印输出。这种变换叫标度变换。

2．数字调零

在检测系统的输入电路中，一般都存在零点漂移、增益偏差和器件参数不稳定等现象。它们会影响测量数据的准确性，必须对其进行自动校准。在实际应用中，常常采用各种程序来实现偏差校准，称为数字调零。除数字调零外，还可在系统开机或每隔一定时间自动测量基准参数实现自动校准。

3．非线性补偿

在检测系统中，希望传感器具有线性特性，这样不但读数方便，而且使仪表在整个刻度范围内灵敏度一致，从而便于对系统进行分析处理。但是传感器的输入-输出特性往往有一定的非线性，为此必须对其进行补偿和校正。

用微处理器进行非线性补偿常采用插值方法实现。首先用实验方法测出传感器的特性曲线，然后进行分段插值，只要插值点数取得合理且足够多，即可获得良好的线性度。

在某些检测系统中，有时参数的计算非常复杂，仍采用计算法会增加编写程序的工作量和占用计算时间。对于这些检测系统，采用查表的数据处理方法，经微处理器对非线性进行补偿更合适。

4. 温度补偿

环境温度的变化会给测量结果带来不可忽视的误差。在 Smart 传感器的检测系统中，要实现传感器的温度补偿，只要能建立起表达温度变化的数学模型（如多项式），用插值或查表的数据处理方法，便可有效地实现温度补偿。

也可在线用测温元件测出传感器所处周围的环境温度，测温元件的输出经过放大和 A/D 变换送到微处理器处理即可实现温度误差的校正。

5. 数字滤波

当传感器信号经过 A/D 变换输入微处理器时，经常混进如尖脉冲之类的随机噪声干扰，尤其在传感器输出电压低的情况下，这种干扰更不可忽视，必须予以削弱或滤除。对于周期性的工频（50Hz）干扰，采用积分时间等于 20ms 的整数倍的双积分 A/D 变换器，可以有效地消除其影响。对于随机干扰信号，利用软件数字滤波技术有助于解决这个问题。

总之，采用了数字补偿技术，使传感器的精度比不补偿时，能提高一个数量级。

13.3
Smart 传感器的应用

目前，智能化传感器多用于压力、力、振动、冲击、加速度、流量、温湿度的测量，如美国霍尼韦尔公司的 ST3000 系列全智能变送器和德国斯特曼公司的二维加速度传感器就属于这一类传感器。另外，智能化传感器在空间技术研究领域亦有比较成功的应用实例。

需要特别指出的一点是目前的智能化传感器系统本身尽管全都是数字式的，但其通信协议却仍需借助于 4～20 mA 的标准模拟信号来实现。一些国际性标准化研究机构目前正在积极研究推出相关的通用现场总线数字信号传输标准；不过，在眼下过渡阶段仍大多采用远距离总线寻址传感器（HART）协议，即 Highway Addressable Remote Transducer。这是一种适用于智能化传感器的通信协议，与目前使用 4～20mA 模拟信号的系统完全兼容，模拟信号和数字信号可以同时进行通信，从而使不同生产厂家的产品具有通用性。

1. 光电式 Smart 压力传感器

图 13-3 所示为一种光电式 Smart 压力传感器，它使用了一个红外发光二极管和两个光敏二

极管，通过光学方法来测量压力敏感元件（膜片）的位移[图 13-3(a)]。提供参考信号基准的光敏二极管和提供被测压力信号的光敏二极管制作在同一芯片上，因而受温度和老化变化的影响相同，可以消除温漂和老化带来的误差。

两个二极管受同一光源（发光二极管）的照射，随着感压膜片的位移，固定在膜片硬中心上的起窗口作用的遮光板将遮隔一部分射向测量二极管的光，而起提供参考信号的二极管则连续检测光源的光强。两个电压信号 V_x 和 V_r 分别由测量二极管和提供参考信号的二极管产生，用一台比例积分式 A/D 转换器来获得仅与二极管照射面积 A_x、A_r 以及零位调整和满量程调整给定的转角 α 和 β 有关的数字输出[图 13-3（b）]。至于二极管的非线性、膜片的非线性可由微处理器校正。在标定时，将这些非线性特性存入可编程只读存储器中进行编程，在测量时即可通过微处理器运算实现非线性补偿。

图 13-3 光电式 Smart 压力传感器

上述思路就是 Smart 传感器的设计途径，它不追求在基本传感器上获得线性特性，认可其重复性好的非线性。而后采用专用的可编程补偿方法获得良好的线性度。

该 Smart 传感器的综合精度在 0～120kPa 量程内可达到 0.05%，重复性为 0.005%。可输出模拟信号和数字信号。

2. Smart 差压传感器

图 13-4 所示为 Smart 差压传感器，由基本传感器、微处理器和现场通信器组成。传感器采用扩散硅力敏元件，它是一个多功能器件，即在同一单晶硅芯片上扩散有可测差压、静

压和温度的多功能传感器[图 13-4（a）]。该传感器输出的差压、静压和温度三个信号经前置放大、A/D 变换，送入微处理器中。其中静压和温度信号用于对差压进行补偿，处理后的差压数字信号再经 D/A 变成 4～20mA 的标准信号输出，也可经由数字接口直接输出数字信号[图 13-4（b）]。

图 13-4　Smart 差压传感器

今后的 Smart 传感器必然走向全数字化，其原理如图 13-5 所示。这种全数字式 Smart 传感器能消除许多与模拟电路有关的误差源（例如，总的测量回路中无须再用 A/D 和 D/A 变换器）。这样，每个传感器的特性都能重复地得到补偿，再配合相应的环境补偿，就可获得前所未有的测量高重复性，从而能大大提高测量准确性。这一设想的实现，对测量与控制将是一个重大的进展。未来传感器系统很可能全部集成在一个芯片上（或多片模块上），其中包括微传感器、微处理器和微执行器，它们构成一个闭环工作微系统。有数字接口与更高一级的计算机控制系统相连，通过利用专家系统中得到的算法对基本微传感器部分提供更好的校正与补偿。那时的 Smart 传感器，功能会更多，精度和可靠性会更高，智能化的程度也将不断提高，优点会越来越明显。总之，Smart 传感器代表着传感器技术今后发展的大趋势，这已是世界上仪器仪表界共同瞩目的研究内容。

（a）一般原理示意图　　　　　　　（b）现场总线系统结构

图 13-5　全数字化 Smart 传感器原理简图

本章小结

为了满足测量和控制系统日益自动化的需求，仪器仪表界提出了研制以微处理器控制的新型传感器系统，把传感器的发展推到一个更高的层次上。人们把这种与专用微处理器相结合组成的新概念传感器称为 Smart 传感器。与传统的传感器相比，智能化传感器功能强大，而且其精度更高、价格更便宜、处理质量也更好。

Smart 传感器依其功能可划分为两个部分，即基本传感器部分和它的信号处理单元，这两部分可以集成在一起设置，形成一个整体，封装在一个表壳内；也可以远离设置，特别在测量现场的环境比较差的情况下，分开并远离设置有利于电子元器件和微处理器的保护，也便于远程控制和操作。

今后的 Smart 传感器必然走向全数字化，未来传感器系统很可能全部集成在一个芯片上（或多片模块上），其中包括微传感器、微处理器和微执行器，它们构成一个闭环工作微系统。那时的 Smart 传感器，功能会更多，精度和可靠性会更高，智能化的程度也将不断提高，优点会越来越明显。

思考与练习

13.1 什么叫 Smart 传感器？

13.2 与传统的传感器相比，Smart 传感器有何特点？

13.3 Smart 传感器依其功能可划分为几部分？各部分有何基本任务？

13.4 简述 Smart 传感器今后的发展趋势。

参考文献

[1] 孙余凯，等. 传感器应用电路300例. 北京：电子工业出版社，2008.

[2] 武昌俊. 自动检测技术及应用. 北京：机械工业出版社，2007.

[3] 于彤. 传感器原理及应用. 北京：机械工业出版社，2007.

[4] 王俊峰，等. 现代传感器应用技术. 北京：机械工业出版社，2006.

[5] 王煜东. 传感器及应用. 北京：机械工业出版社，2005.

[6] 蒋敦斌，等. 非电量测量与传感器应用. 北京：国防工业出版社，2005.

[7] 金发庆. 传感器技术与应用. 北京：机械工业出版社，2004.

[8] 刘灿军. 实用传感器. 北京：国防工业出版社，2004.

[9] 郁有文，等. 传感器原理及工程应用. 西安：西安电子科技大学出版社，2004.

[10] 柳桂国. 检测技术及应用. 北京：电子工业出版社，2003.

[11] 宋文绪，等. 自动检测技术. 北京：高等教育出版社，2003.

[12] 陈洁，等. 传感器与检测技术. 北京：高等教育出版社，2002.

[13] 梁森，等. 自动检测与转换技术. 北京：机械工业出版社，2002.

[14] 王元庆. 新型传感器及其应用. 北京：机械工业出版社，2002.

[15] 何希才. 传感器及其应用电路. 北京：电子工业出版社，2001.

[16] 常健生. 检测与转换技术. 北京：机械工业出版社，2001.